エネルギー革命

［重力発電］

地球温暖化対策の根幹

化石燃料（石炭、石油、LNG）を使用しない

原子力を使用しない

設備費用・維持管理費用以外のコストは0円

電力消費地で必要な電力を常時安定発電（地球上何処でも）

発電機の構造が簡単・量産効果・小型でコストが安い

発電機を前後・左右・上下の全方向に設置しても互いに干渉しない

山本博康

はじめに

理想的なエネルギーを実現しませんか！

理想的なエネルギー

１、化石燃料（石炭・石油・ＬＮＧ）を使用しない：　地球温暖化対策

２、原子力を使用しない：　安全・安心

３、設備費用・維持管理費用以外のコストは０円：　経済性

４、電力消費地で必要な電力を常時安定発電（地球上何処でも）：　鉄塔・電柱が不要で台風・震災・浸水・降雪の影響無し

５、発電機の構造が簡単・量産効果・小型でコストが安い：　経済性

６、発電機を前後・左右・上下の全方向に設置しても相互に干渉しない：　高いエネルギー密度

現在の発電は化石燃料（石炭・石油・ＬＮＧ）・原子力・地熱の熱エネルギーをエネルギー源、太陽光発電は太陽光をエネルギー源、風力発電は空気の運動エネルギーをエネルギー源、水力発電は水の運動エネルギーをエネルギー源としており、何れも理想的なエネルギーとは成り得ません。

重力（９．８０７m/s^2）をエネルギー源とした発電が出来れば、地球上何処でも常時安定した発電が出来、エネルギー代は０円、理想的なエネルギーと成り、世界中の国々の政策・産業構造・貿易構成・国際情勢・社会・生活が激変し、カーボンニュートラル（地球温暖化対策）が実現出来ます。

重力をエネルギー源とした発電の使用原理（法則）

１、気体の体積は絶対温度に比例し、圧力に反比例する。

２、水中の気体は浮力を生ずる（１kg/ℓ）

３、重りは重力で下方に引張られる（万有引力）。

４、天秤の両端の重りの質量が同じならばバランスする。

５、駆動力（kg）×重力（m/s^2）＝加速度を与える力（ニュートン[N]）

６、加速度を与える力（ニュートン[N]）÷可動部の質量（kg）＝可動部の加速度（m/s^2）

７、可動部の運動は維持される（慣性）。

８、自身の駆動力、または外部からの追加駆動力で始動した可動部の運動は自身の駆動力と負荷でバランスした運動を維持する。

地球温暖化が原因と見られる異常気象で年々莫大な被害が出ており、現状の社会活動延長で進むと悲惨な未来が想定され、現在の地球温暖化対策の再生可能エネルギーは太

陽光パネル発電と風力発電が主流であり、気候に左右される不安定な発電で、根本的に太陽光と風の安定供給は不可能であり、安定した発電と併用しなければならなく、安定発電とするには大容量の蓄電設備が必要となります。また、ロシヤによるウクライナ侵攻と急激な円安でエネルギー事情が大きく変わり、燃料・電力の高騰で生活が大変な時代になり、早急に具体的な対策をとる必要があります。

重力発電が実用化されればこれらの全ての問題が解決され、日本発の新産業が生まれ産業構造と人々の生活が一変、全ての企業・施設・個人が自家発電を基本とし、エネルギー代が０円となります。

なお、本文中の数値・計算は我流で算出したもので保証するものではありません。実施する場合は自身で詳細な計算をお願い致します。

山本博康

1　重力発電の適用

1－1　一戸建住宅

既存の電力・ガス・ガソリンの価格は右肩上がりで人々の生活は益々苦しくなるもよう。重力発電は占有面積２㎡、高さ７．３ｍで１１．９kWh、８，５７０kWh/月が見込め、一戸建住宅１５～２０棟の電力を生成、設備費用・維持管理費用以外のコストは０円、オール電化でガス不要・電気自動車（ＥＶ）のエネルギー、鉄塔・電柱不要で台風・震災・浸水・降雪の影響なし、小型充電器を接続することで負荷変動を吸収、電気代を考えることなく空調を自由に使え快適な生活が出来、カーボンニュートラル（地球温暖化対策）に貢献できます。

図１　一戸建住宅

１－２　アパート・マンション

重力発電機は前後・左右・上下の全方位に設置しても相互に干渉しないので高密度で電力を生成、アパート（図２）・マンションの電気・オール電化でガス不要・電気自動車（ＥＶ）のエネルギー代が０円となることで、電気代を考えることなく空調を自由に使え快適な生活が出来、住民と家主の互いの生活向上と生活費が抑えられ、カーボンニュートラル（地球温暖化対策）にも貢献します。

図２　アパート

1－3　コンビニ・店舗

既存の電力事情では台風・震災・浸水・降雪で鉄塔・電柱の倒壊で長期間の停電が起こり、冷蔵・冷凍の食料品の破棄が必要となります。しかし、重力発電機はエネルギー消費地で必要な電力を生成出来、鉄塔・電柱が不要で冷蔵・冷凍の食料品の破棄は無くなります。また、設備費用・維持管理費用以外のコストは０円、コンビニと店舗の利点と利益が増し、顧客への還元が期待でき、カーボンニュートラル（地球温暖化対策）に貢献します。

図３　コンビニ

1－4　デパート・複合施設

既存の電力事情では台風・震災・浸水・降雪で鉄塔・電柱の倒壊で長期停電が起こり、冷蔵・冷凍の食料品の破棄が必要、エレベータが止まり、顧客がエレベータに閉じ込められることになります。しかし、重力発電機はエネルギー消費地で必要な電力を生成でき、鉄塔・電柱が不要で冷蔵・冷凍の食料品の破棄は無くなり、エレベータが止まることは無くなり顧客がエレベータに閉じ込められることは無くなります。また、設備費用・維持管理費用以外のコストは０円、カーボンニュートラル（地球温暖化対策）に貢献しデパート・複合施設のイメージが向上し、莫大な電力代が無くなり、企業の利益が向上し、顧客への還元も期待出来ます。

図４　デパート

１－５　学校（小学校・中学校・高校・大学）

学校（小学校・中学校・高校・大学）で快適に勉学を励むには空調と照明が必要、既存の電力事情では台風・震災・浸水・降雪で鉄塔・電柱の倒壊で長期停電が起こり、補助発電が必要となります。しかし、重力発電機はエネルギー消費地で必要な電力を生成出来、鉄塔・電柱が不要で病院での全ての活動に問題は無くなり、設備費用・維持管理費用以外のコストは０円、カーボンニュートラル（地球温暖化対策）に貢献し学校のイメージが向上し、学校と生徒に利点と利益が増します。

図５　学　校

1－6　病院

病院では手術・透析等で停電は絶対有ってはならない、既存の電力事情では台風・震災・浸水・降雪で鉄塔・電柱の倒壊で長期停電が起こり、補助発電が必要となります。しかし、重力発電機はエネルギー消費地で必要な電力を生成出来、鉄塔・電柱が不要で病院での全ての活動に問題は無くなり、エレベータも止まることは無くなります。また、設備費用・維持管理費用以外のコストは０円、カーボンニュートラル（地球温暖化対策）に貢献し病院のイメージが向上し、病院に利点と利益が増し、患者へのサービス向上が期待されます。

図6　病　院

1－7　アミューズメントパーク

アミューズメントパークは多くの機器・音響・空調・照明で莫大な電力を使用し電気代が大変。重力発電機は前後・左右・上下の全方位に設置しても相互に干渉しないので高密度で電力を生成出来、設備費用・維持管理費用以外のコストは０円、カーボンニュートラル（地球温暖化対策）に貢献、アミューズメントパークの莫大な電気代が無くなり、利益の向上がはかれ、顧客の電気自動車（ＥＶ）への充電サービス等の還元が期待できます。

図７　アミューズメント

１－７　工場

重力発電機は前後・左右・上下の全方位に設置しても相互に干渉しないので高密度で電力を生成出来、設備費用・維持管理費用以外のコストは０円、工場で使用する莫大な電力を重力発電にすることで、工場全体で消費する莫大な電気代を無くし、カーボンニュートラル（地球温暖化対策）を実現して企業イメージ向上、利益が向上して、顧客と社員への還元も期待できます。

図８　工　場

１－９　バス運行・観光会社

バス運送会社で使用する小型輸送車を電気自動車（ＥＶ）とし、事務所と合わせた電気を重力発電にて発電することで電気代が０円となります。

大型観光バスの燃料を重力発電で生成した水素を用いることで、企業活動の全てをカーボンニュートラル（地球温暖化対策）とする事ができ、企業イメージと利益が向上し、顧客と社員への還元も期待できます。

図９　バ　ス

１－８　運送会社

運送会社で使用する小型輸送車を電気自動車（ＥＶ）とし、事務所と合わせた電気を重力発電にて発電することで電気代が０円となります。

大型輸送車の燃料を重力発電で生成した水素を用いることで、企業活動の全てをカーボンニュートラル（地球温暖化対策）とする事ができ、企業イメージと利益が向上し、顧客と社員への還元も期待できます。

図１０　運送会社

１－８　タクシー会社

タクシー会社で使用する小型輸送車を電気自動車（ＥＶ）とし、事務所と合わせた電気を重力発電にて発電することで電気代が０円となり、カーボンニュートラル（地球温暖化対策）とする事ができ、企業イメージと利益が向上し、顧客と社員への還元も期待できます。

図１１　タクシー

１－１２　鉄道会社

鉄道会社は莫大な土地を保有し、電車運行・駅で莫大な電力を消費しますが、自社で重力発電にすれば、設備費用・維持管理費用以外の電気代は０円となり、企業活動の全てをカーボンニュートラル（地球温暖化対策）とする事ができ、鉄道会社のイメージと利益が向上し、乗客の運賃・物流コストも低下して、社員への還元も期待できます。

図１２　電車

１－１３　貨物船運航会社

輸送船･旅客船の動力用の燃料から重力発電による電力にすることでエネルギー代が０円となり、輸送コスト、乗船コストが低下、燃料消費量で重さが変動して燃料効率の低下は無く、物流の形態が大きく変わり、企業活動の全てをカーボンニュートラル（地球温暖化対策）とする事ができ、企業イメージと利益が向上しますます。

図１３　貨物船

１－１４　旅客船運航会社

輸送船･旅客船の動力用の燃料から重力発電による電力にすることでエネルギー代が０円となり、輸送コスト、乗船コストが低下、燃料消費量で重さが変動による燃料効率の低下は無く、物流と旅行の形態が大きく変わり、企業活動の全てをカーボンニュートラル（地球温暖化対策）とする事ができ、企業イメージと利益も向上しますます。

図１４　豪華客船

１－１２　野菜プラント

野菜プラント・家畜飼養・魚養殖で空気の温度、湿度、成分、除菌、光の色調、水量、水温等の調整を最的化する事で、年間を通して計画的な収穫が出来、使用放題の大量の電力を重力発電にする事で、設備費用・維持管理費用以外のコストは０円となり、カーボンニュートラル（地球温暖化対策）とする事ができて利益も向上し、消費者への還元も期待できます。

図１５　野菜プラント

１－１６　家畜養殖

家畜飼養において空気の温度、湿度、成分、除菌、消臭、光の色調、水量、水温等の調整を最的化する事で、年間を通して計画的な育成が出来、使用放題の大量の電力を重力発電にする事で、設備費用・維持管理費用以外のコストは０円となり、家畜のインフルエンザ等を防ぐ事が可能となり、カーボンニュートラル（地球温暖化対策）とする事ができて利益も向上し、消費者への還元も期待できます。

図１６　家　畜

１－１７　魚養殖

魚養殖で水の温度、塩分濃度、水流の調整、除菌、ゴミの除去等の調整を最的化する事で、年間を通して計画的な育成が出来、使用放題の大量の電力を重力発電にする事で、設備費用・維持管理費用以外のコストは０円となり、魚の病気等を防ぐ事が可能となり、カーボンニュートラル（地球温暖化対策）とする事ができて利益も向上し、消費者への還元も期待できます。

図１７　魚

１－１８　水素生成

水素の必要な場所で必要な量を常時安定して生成するための電力を重力発電にすることで、設備費用・維持管理費用以外のコストは０円となり、水素の生成コストは低く抑えられ、カーボンニュートラル（地球温暖化対策）を実現できて利益も向上し、水素の価格も低く抑えられます。

図１８　福島水素エネレウギー研究フィールド(FH2R)

転載元：新エネルギー・産業技術総合開発機構(NEDO)

2　発電

2－1　水力発電

水力発電は再生可能エネルギーの基本、水の位置エネルギーを運動エネルギーに変換し、水車で回転運動にして、発電機を回して発電する（図1）。

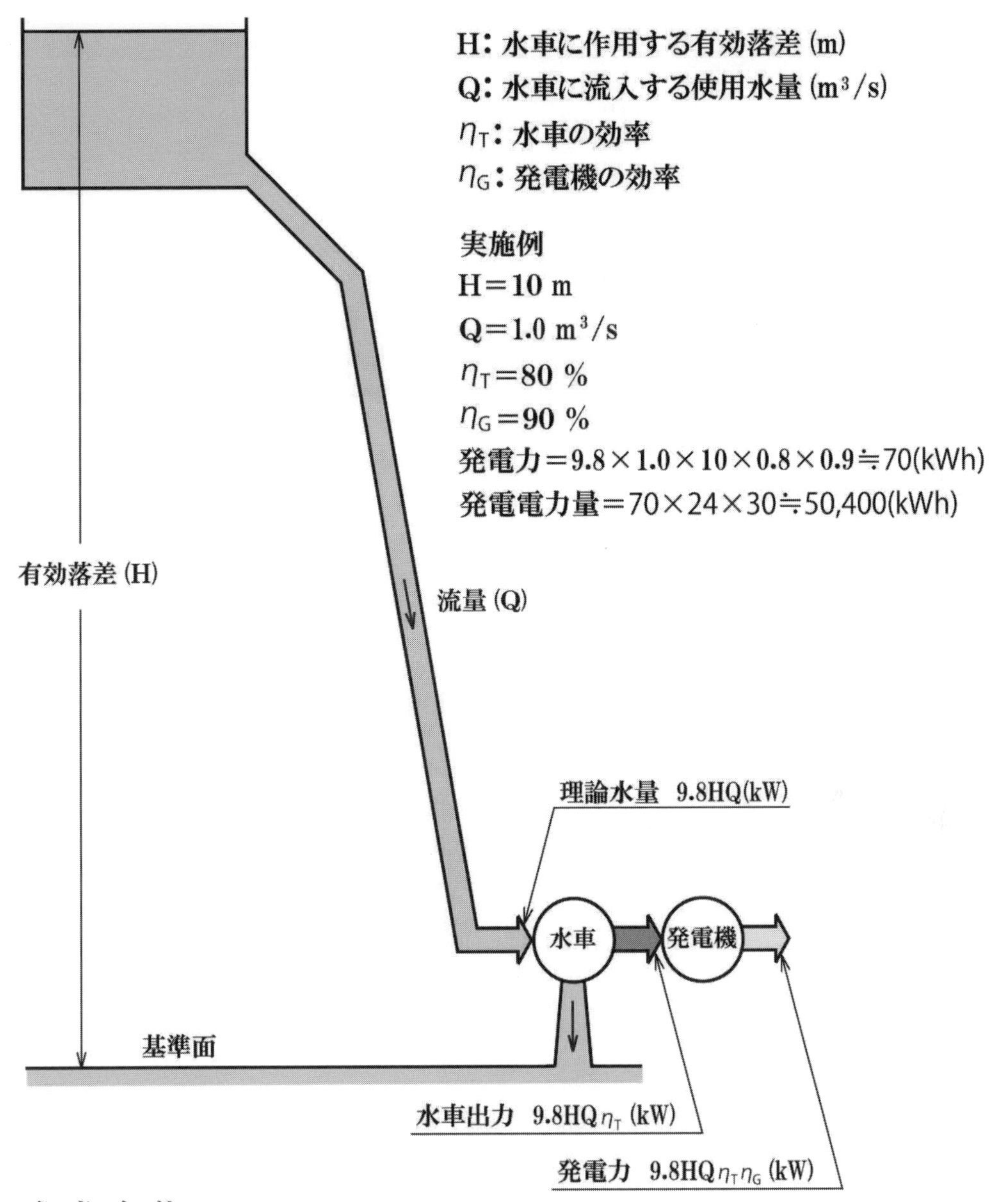

参 考 文 献

光も風も水も氷も雪もみんな宝物 －自然エネルギー入門－

編著者：NPO北海道自然エネルギー研究会

発行者：栖木野美郎　　初版発行：2007年

発行所：株式会社 東洋書店

図19　水力発電

２－２　大気中で重りによる発電（モデル１）

水力発電の水を比重１の重りに変えて、位置エネルギーを大気中にて駆動装置で運動エネルギーに変換し、チェーンとプーリで回転運動にして、発電機を回して発電する（図２０）。

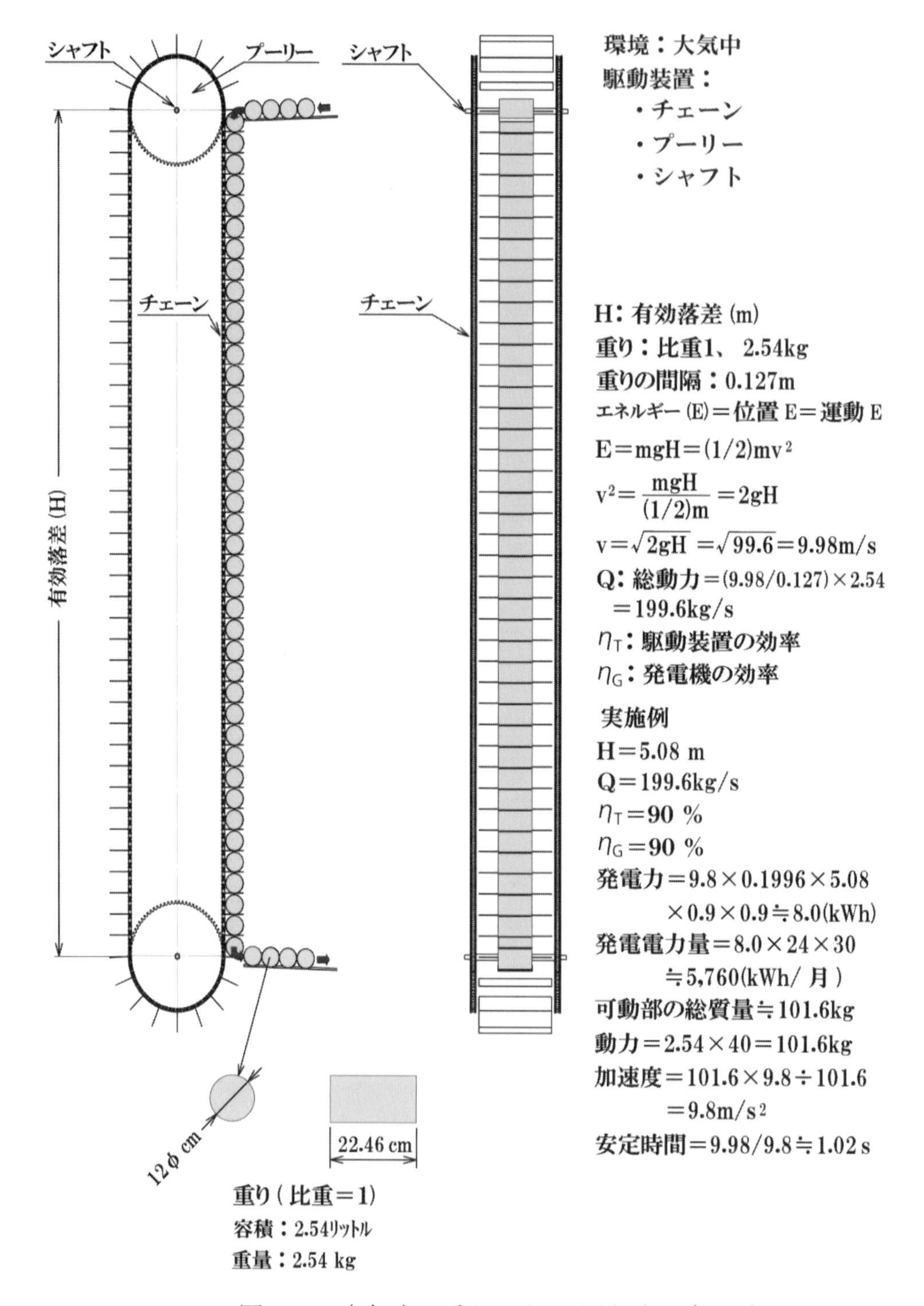

図２０　大気中で重りによる発電（モデル１）

２－３　水中で重りによる発電（モデル２）

大気中で比重１の重りによる発電を水中で重りの浮力を考慮して比重２の重りに変えて、位置エネルギーを水中で駆動装置にて運動エネルギーに変換し、チェーンとプーリで回転運動にして、発電機を回して発電、大気中での発電とは駆動装置と発電機の効率が変わるモデルにしました（図２１）。

・外側側面の面積：0.625^2×3.14＋1.25×5.08＝7.577 ㎡
・内側側面の面積：0.175^2×3.14＋0.35×5.08＝1.874 ㎡
・水槽側面の総面積：7.577－1.874＝5.703 ㎡
・水槽の総容積：5.703×0.65≒3.700 ㎥、　水の質量：3,700 kg
・水槽内の重りの総質量：2.54×40＝101.6 kg
・可動部の総質量：3,700＋101.6≒3801.6 kg
・駆動装置の効率＝η_T＝60 %（駆動装置＋水槽内の水の抵抗を考慮して大気中の η_T＝90 %から 60 %に変更）
・発電機の効率＝η_G＝85 %（余裕を考慮して η_G＝90 %から 85 %に変更）
・大気中と水中での重りによる発電の違いは可動部の総質量による安定時間の差：1.02s⇒38.1s です。

２－４　水中で円柱(気体）による発電（モデル３）

水中で円柱(気体）の浮力による位置エネルギーを駆動装置で運動エネルギーに変換し、チェーンとプーリで回転運動にして、発電機を回して発電する（図２２）。

・水槽内の円中(気体）の総浮力：-2.54×40＝-101.6 kg
・水槽内の可動部の総質量：3,700－101.6＝3,598.4 kg
・駆動装置の効率＝η_T＝60 %（モデル２に同じ）
・発電機の効率＝η_G＝85 %（モデル２に同じ）
・モデル２とモデル３の可動部の総質量の差による安定時間の差：38.1s⇒36.0s

２－５　水中で円柱(気体）による発電、バランス負荷（円柱（気体)）有り（モデル４）

水中で円柱(気体）の浮力による位置エネルギーを駆動装置で運動エネルギーに変換し、チェーンとプーリで回転運動にして、発電機を回して発電、気体の容積可変容器の浮力差で発電することを想定し、上昇部と下降部がバランスした負荷（円柱（気体)）を付加（図２３）。

・水槽内の円中(気体）の総浮力：-2.54×40＝-101.6 kg
・水槽内の可動部の総質量：3,700－101.6－1.27×(80＋16)＝3,476.5 kg
・モデル３とモデル４の可動部の総質量の差による安定時間の差：36.0s⇒33.4s

２－６　水中で円柱(気体) による発電、バランス負荷（円柱（気体）＋重り）有り（モデル５）

水中で円柱(気体) の浮力による位置エネルギーを駆動装置で運動エネルギーに変換し、チェーンとプーリで回転運動にして、発電機を回して発電し、気体の容積の可変を想定したバランス負荷（円柱（気体)）と重りで気体を膨張・圧縮して容積可変する重りを付加（図２４）

・水槽内の可動部の総質量：3,700-101.6-1.27×(80+16)+(10.45-1)×(80+16)＝4,383.7 kg

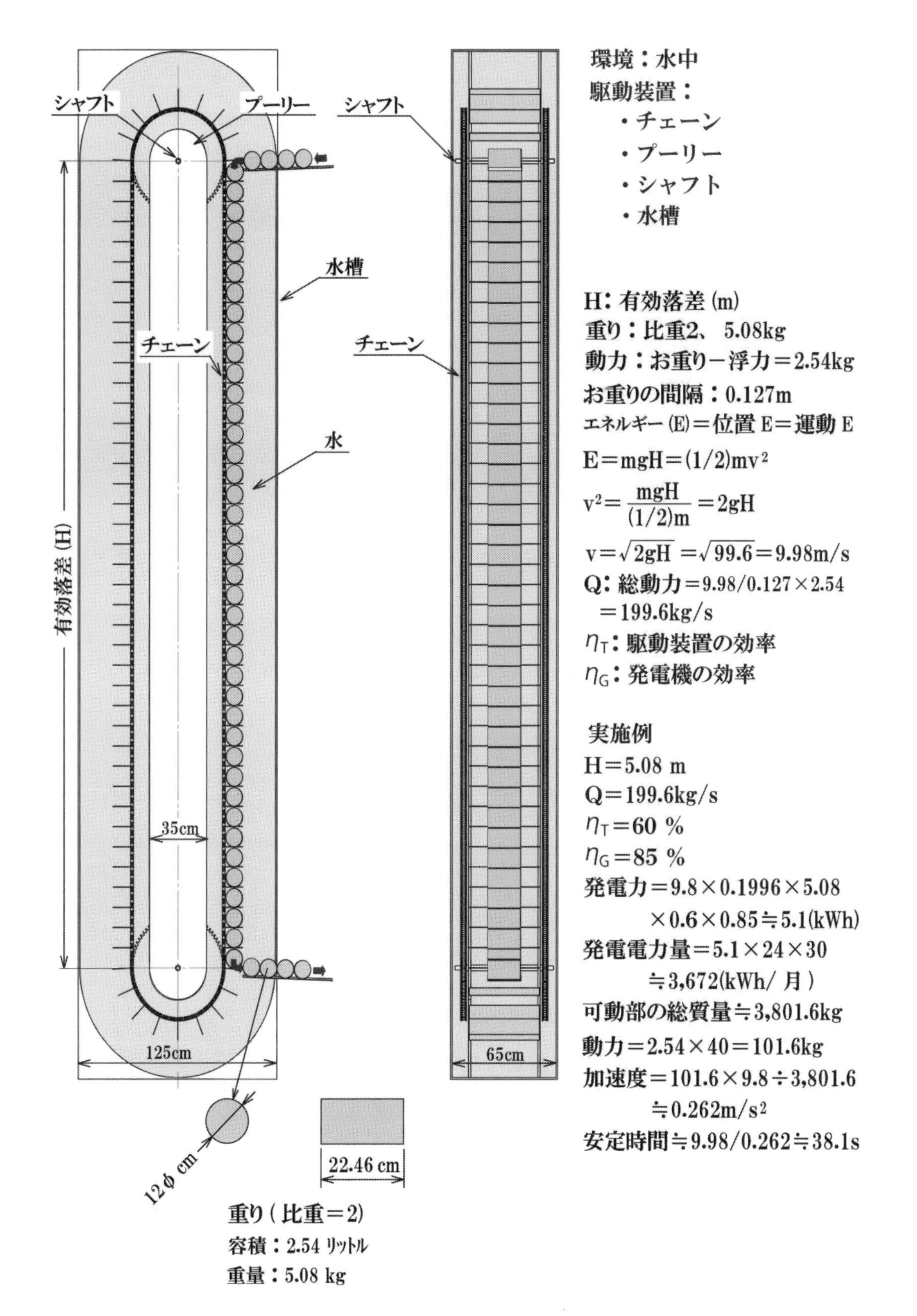

図２１　水中で重りによる発電（モデル２）

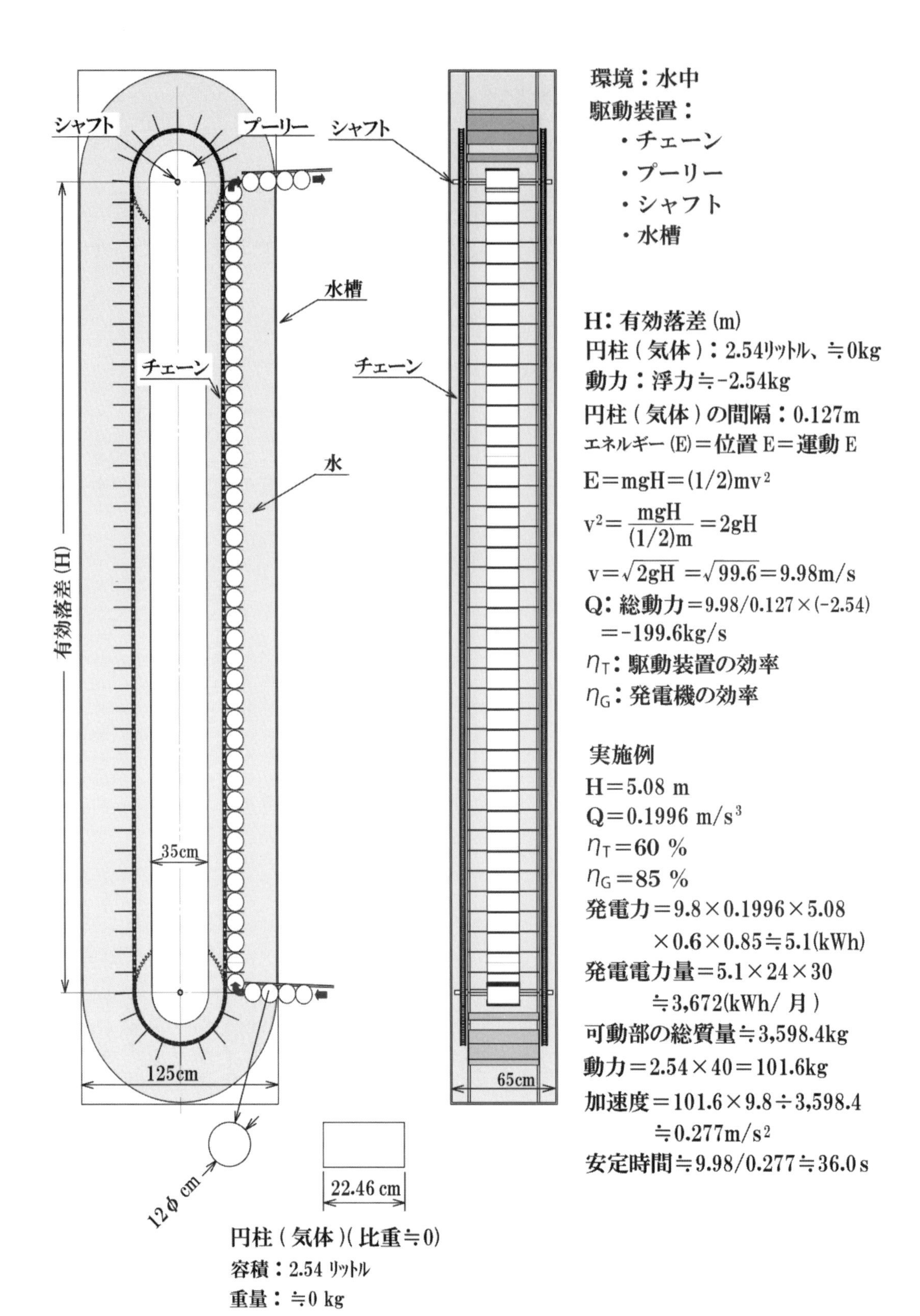

図２２　水中で円柱(気体) による発電（モデル３）

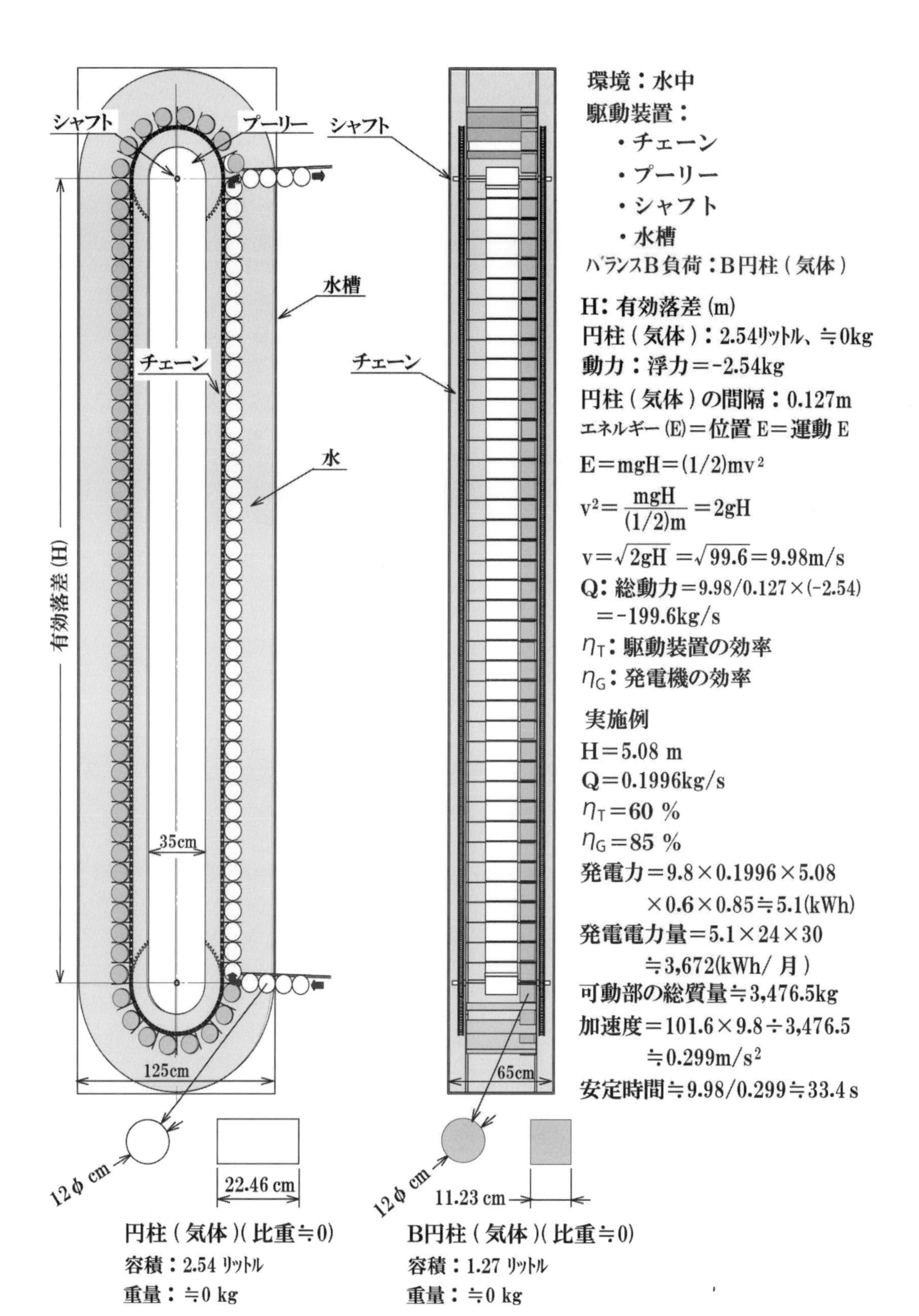

図２３　水中で円柱(気体) による発電（モデル４）

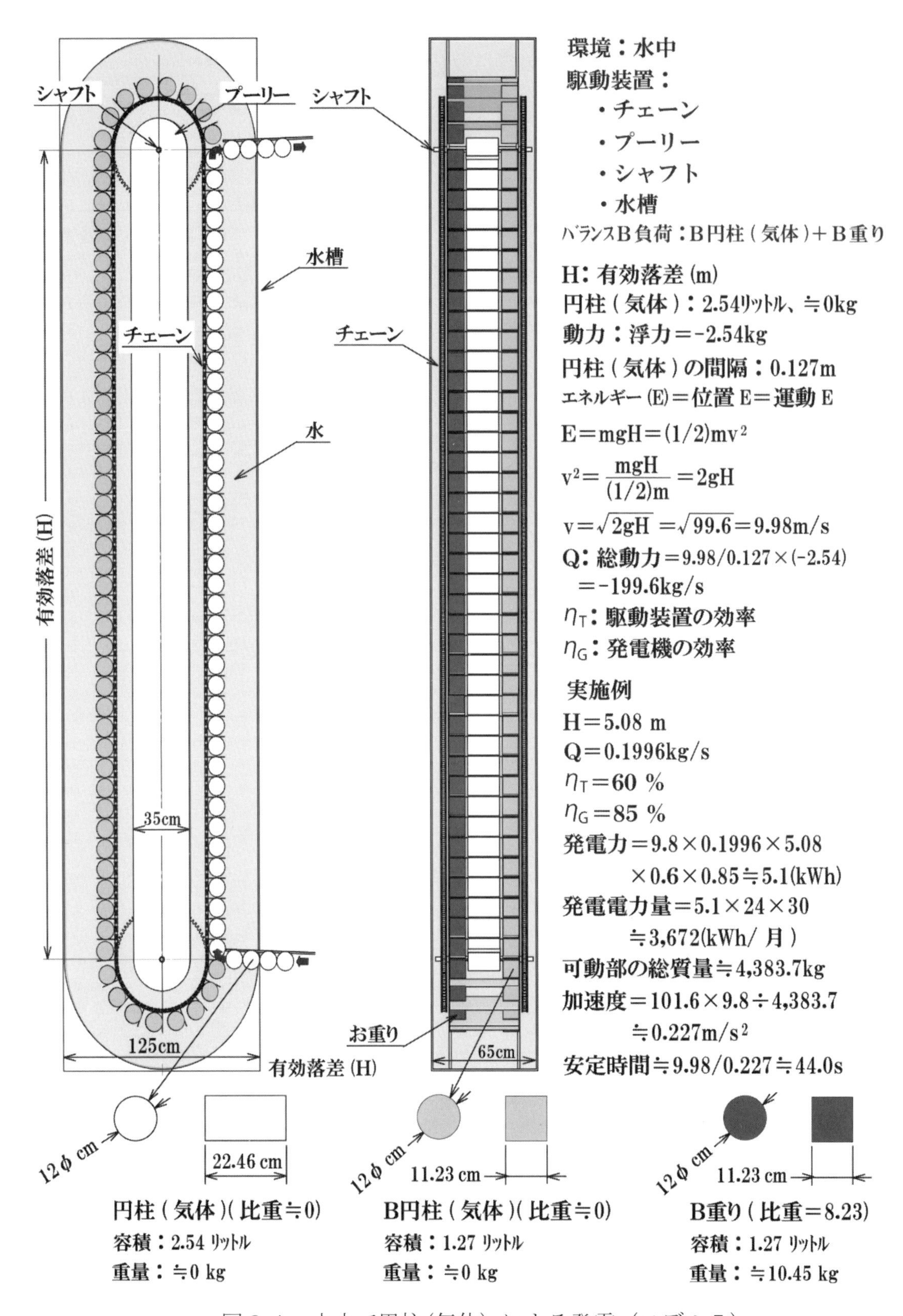

図２４　水中で円柱(気体) による発電（モデル５）

3　使用原理（法則）

3－1　気体の体積は絶対温度に比例し圧力に反比例する。

密閉した容積可変容器に気体を封入し、容積可変容器と気体の温度を一定とした場合、容積可変容器の基盤の部分を固定し、外部から稼動盤に圧力をかけないとき（無圧）の気体の容積を源容積とし、減圧すると膨張、加圧すると収縮する（図２５）

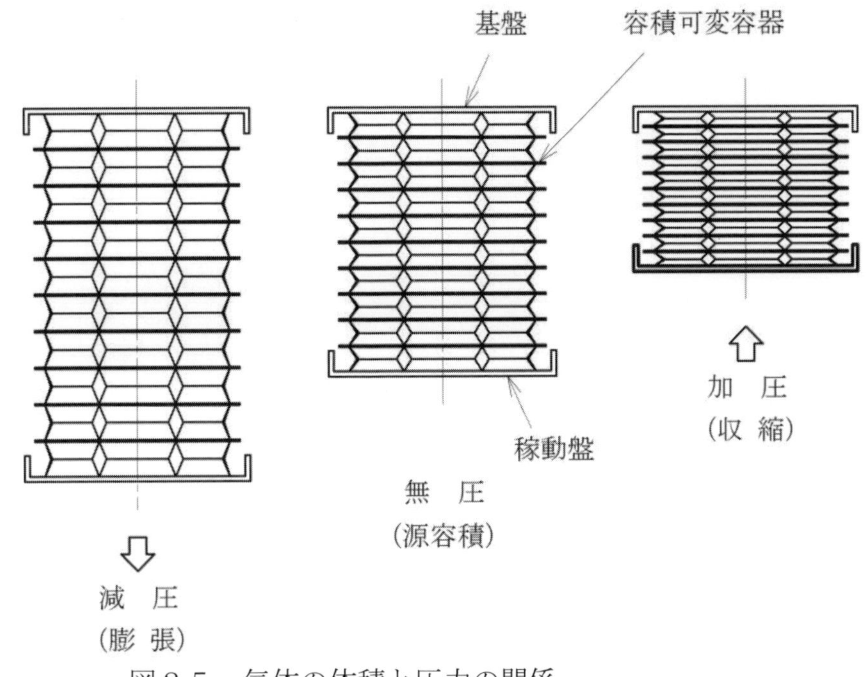

図２５　気体の体積と圧力の関係

3－2　水中の気体は容積に比例して浮力を生じる。

水中の気体の容積は浮力を生じる１kg/ℓ、気体大の容積の浮力は浮力大、気体小の容積の浮力は浮力小、気体の容積差で浮力差を生じさせることができます（図２６）。

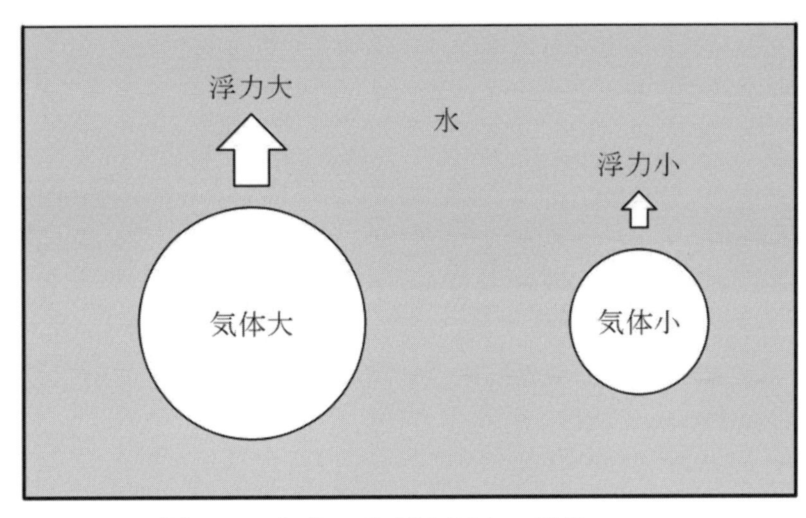

図２６　気体の体積と圧力の関係

３－３　重りは重力で下方に引張られる。

容積可変容器の基盤の部分を上部に固定し、下部の稼動盤に重りを設けて減圧して膨張、容積可変容器の基盤の部分を下部に固定し、上部の稼動盤に重りを設けて加圧して圧縮することで、重力により減圧（膨張）と加圧（収縮）を生み出すことが出来て、これらを水中で行えば重力で浮力差を生じることができます（図２７）。

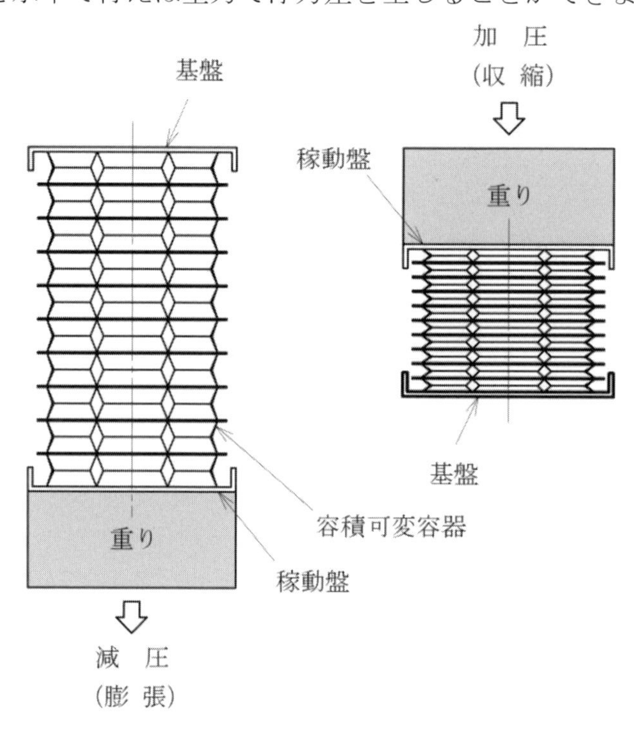

図２７　気体の体積と圧力の関係

３－４　天秤の両端の重りの質量が同じならばバランスする。

天秤の中心を基準として重り１との距離１と重り２との距離２を同等とし、重り１と重り２の質量が同じならば天秤はバランスする（図２８）。

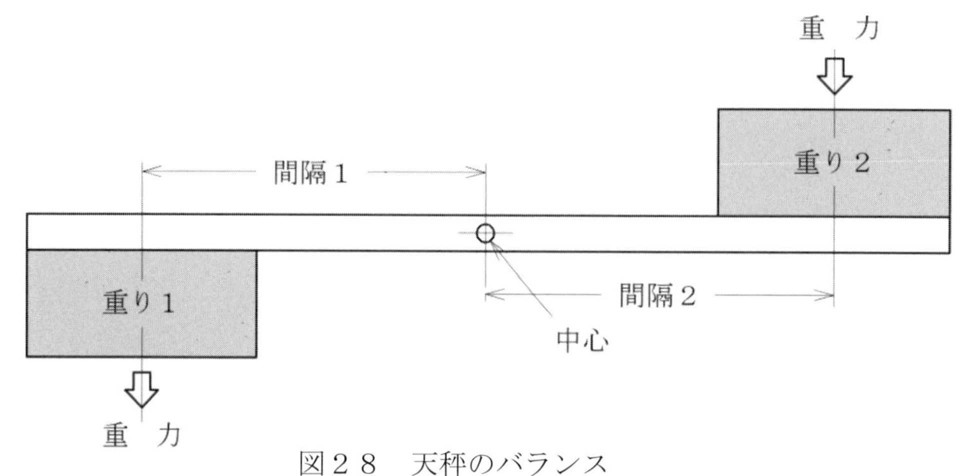

図２８　天秤のバランス

３－５　駆動力（kg）×重力（m/s^2）＝加速度を与える力（ニュートン[N]）

重力下で重りの質量（駆動力）（kg）×重力（9.807）（m/s^2）＝重りに加速度を与える力（ニュートン[N]）となる。重力下で水中の気体の浮力（駆動力）（kg）×重力（9.807）（m/s^2）＝水槽の水の可動部に加速度を与える力（ニュートン[N]）となる（図２９）。

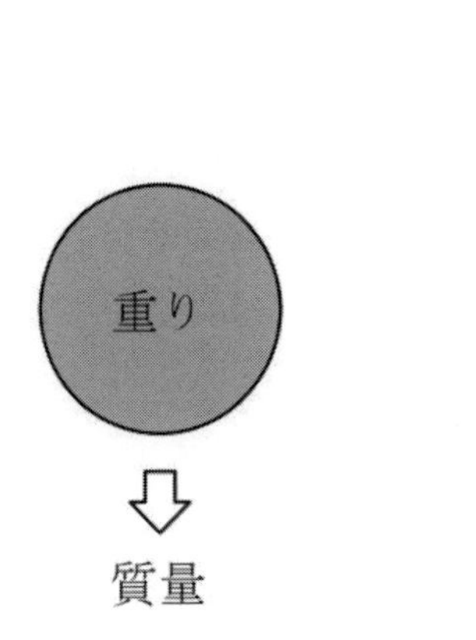

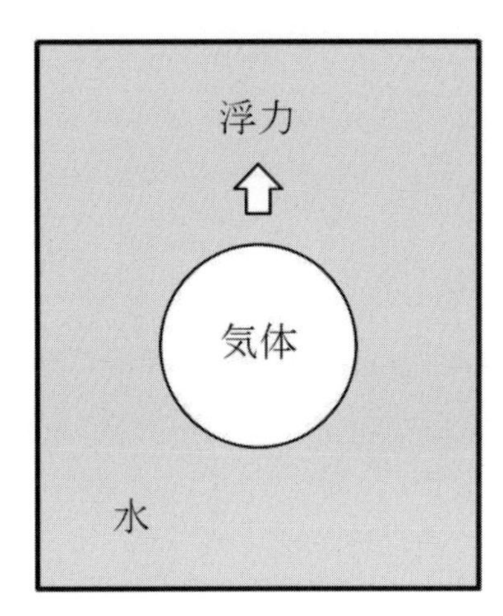

図２９　可動部の加速度

３－６　加速度を与える力（ニュートン[N]）÷可動部の質量（kg）＝可動部の速度（m/s）

重力下で重りに加速度を与える力（ニュートン[N]）÷可動部の質量（kg）＝可動部の速度は t（s）後に v_t（m/s）となる。気体の浮力による加速度を与える力（ニュートン[N]）÷水の可動部の質量（kg）＝水の可動部の速度はｔ（s）後に v_t（m/s）となる。（図３０）

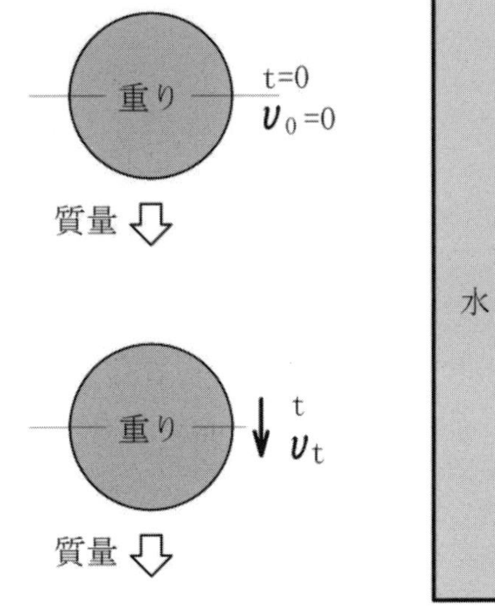

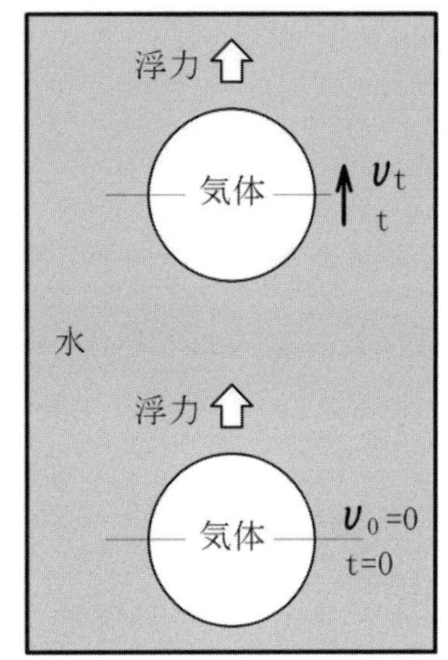

図３０　可動部の速度

３－７　可動部の運動は維持される（慣性）

バランスしている重りの回転物は駆動力を無くしても慣性で運動を維持して回転し続ける（図３１）。

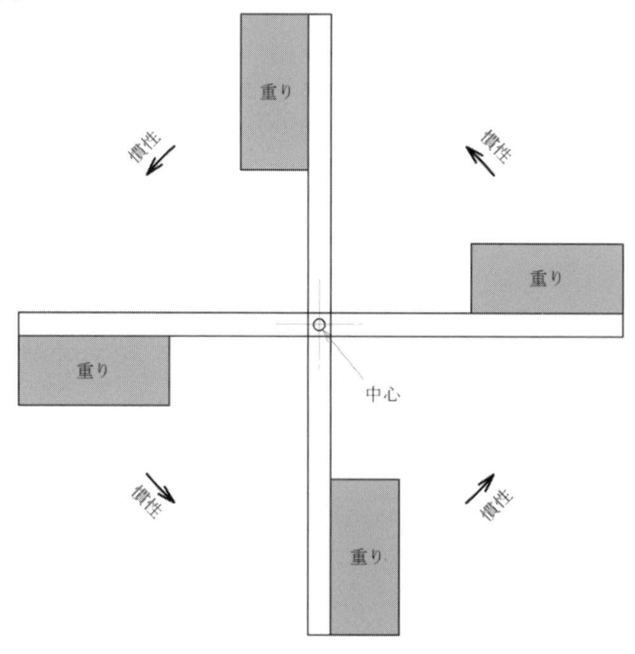

図３１　可動部の慣性

３－８　自身の駆動力、または外部からの追加駆動力で始動した可動部の運動は自身の駆動力と負荷でバランスした運動を維持する（図３２）。

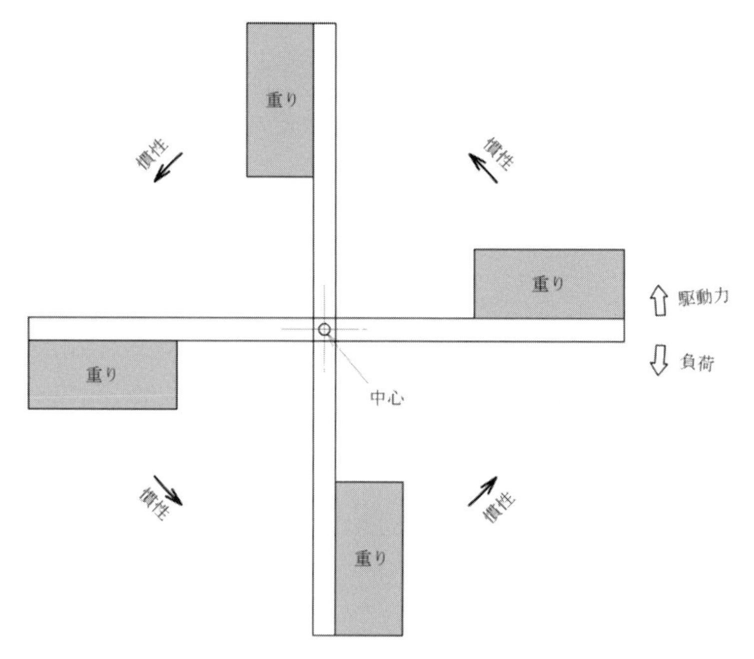

図３２　駆動力と負荷

4　原理

4－1　エネルギー生成器

「気体の体積は絶対温度に比例し、圧力に反比例する」の原理より、等温下で水中にて重りで減圧・膨張した気体の体積と同じ重りで加圧・圧縮した気体の体積との体積差を浮力差として、エネルギーを生成することが出来ます。「図３３、３４」

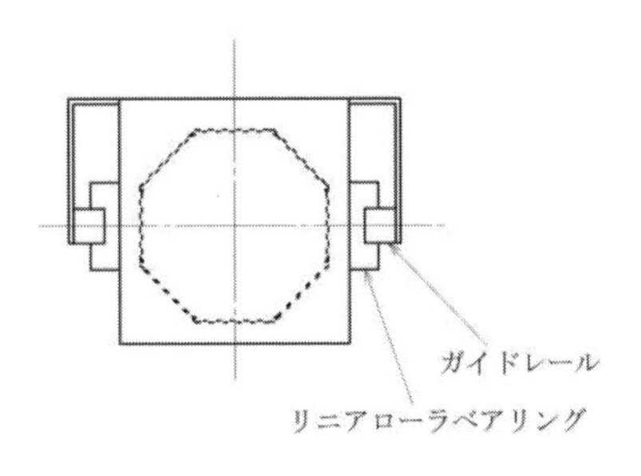

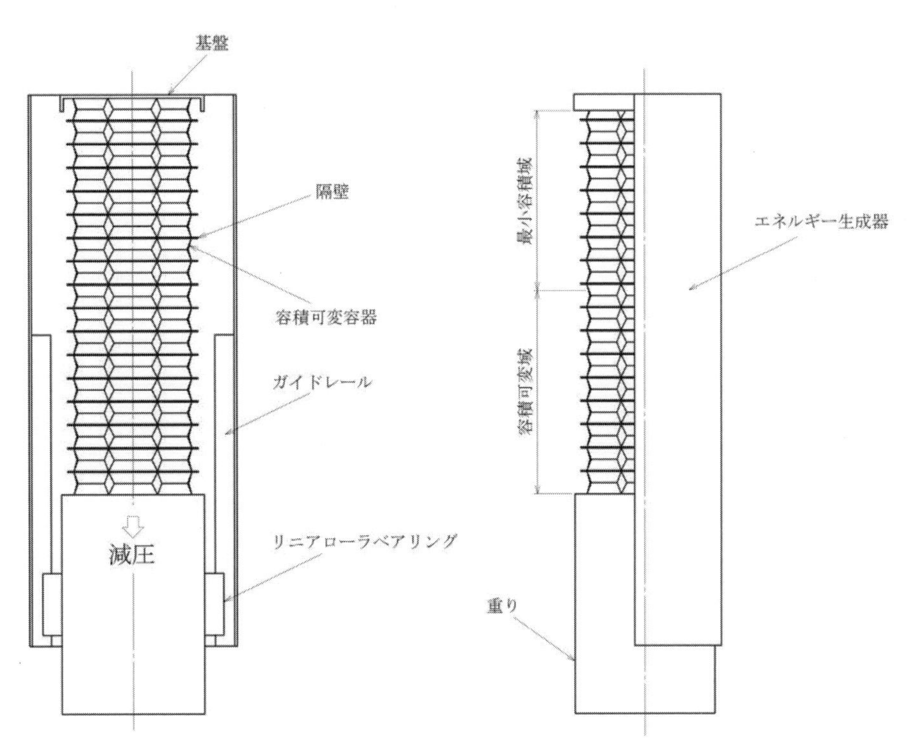

図３３　気体を重りで減圧・膨張

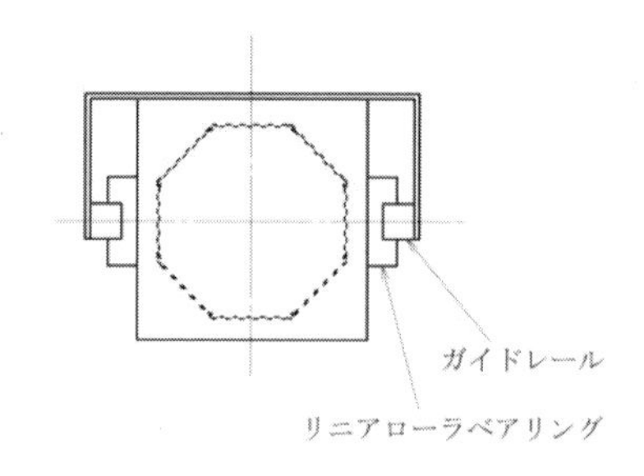

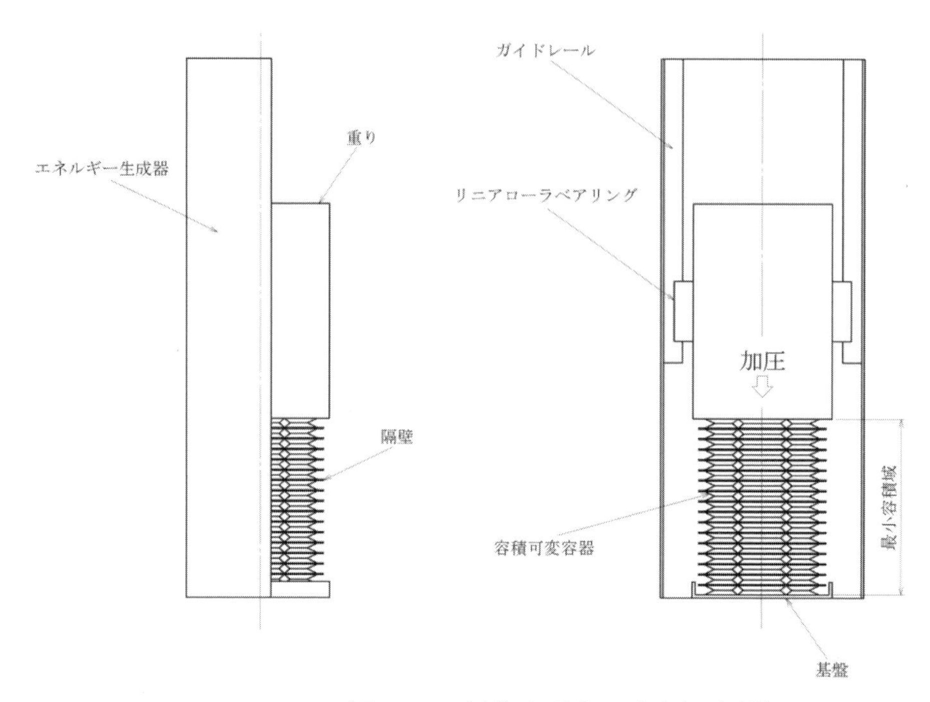

図３４　気体を重りで加圧・圧縮

エネルギー生成器：基盤・容積可変容器・重りで構成、エネルギー生成器の重りの位置（上・下）により減圧・膨張と加圧・圧縮による容積差で浮力差を生じ、駆動力を生成する。

基盤：エネルギー生成器の容積可変容器を保持する基準の固定板

重り：容積可変容器と重りの上・下の位置で減圧・膨張と加圧・圧縮での容積差で浮力差を生じ、駆動力を生成するエネルギー源。

容積可変容器：隔壁と容積可変部で構成され、液圧と重りによる減圧と加圧で容積が可変する。

容積可変域：液圧と重りによる減圧と加圧で生じる最長と最短の領域

最小容積域：液圧と重りによる加圧で生じる最短の領域、容積可変域に寄与しない領域

隔壁：容積可変容器の可変方向以外の形状を安定保持、内圧と外圧の圧力差の力を

吸収、貫通穴で気体の移動・容積可変容器の気体と隔壁で熱交換を行う。

ガイドレール：重りと容積可変容器の移動をスムーズにガイドし、移動方向以外の力を吸収する。

リニアローラベアリング：重りの移動をスムーズにし、移動方向以外の力を吸収するベアリング

４－２　エネルギー生成器の最適化

一定の高さで最大のエネルギー生成を行うには、エネルギー生成器の上下の長さを最短化し、エネルギー生成器の数を増やすことが必要で、基盤・最小容積域・容積可変域・重りで形成されるエネルギー生成器の最小容積域を水平最小容積器と垂直最小容積器に分割し、垂直最小容積器と重りを容積可変容器の水平方向に移行、４面の内のローラＡ０、ローラＡ１とローラＢ）が有る２面とし、容積可変容器が伸びと縮み時の流体の流れ

を考慮、容積可変容器に並行して垂直方向に設けることで可能と成ります。「図３５、３６」

水平最小容積器：容積可変域に寄与しない領域の最小容積器を水平方向と垂直方向に分割し、容積可変容器と垂直最小容積器をつなぐ空間

垂直最小容積器：容積可変域に寄与しない領域の最小容積器を水平方向と垂直方向に分割し、容積可変容器の水平方向に設け、容積可変容器に並行して垂直方向に設けることでエネルギー生成器の高さを削減

重り：エネルギー生成器の大きな容積を占める重りを容積可変容器の水平方向に移行、容積可変容器に並行して垂直方向に設け、エネルギー生成器の高さを削減

ローラＡ０、ローラＡ１：エネルギー生成器を内側ガイドに沿って移動、駆動軌跡以外の力を内側ガイドに分散

ローラＢ：エネルギー生成器を外側ガイドに沿って移動、駆動軌跡以外の力を外側ガイドに分散

ｘ：ローラＢの中心を基準とし、重りの先端面（容積可変容器の内圧を決きめる液圧を受ける面）との距離、エネルギー生成器の重りの位置（上下）・液深（ローラＢの中心上で容積可変容器の中心）・角度より、容積可変容器の気体の容積・駆動力・位置エネルギー・総位置エネルギーを算出

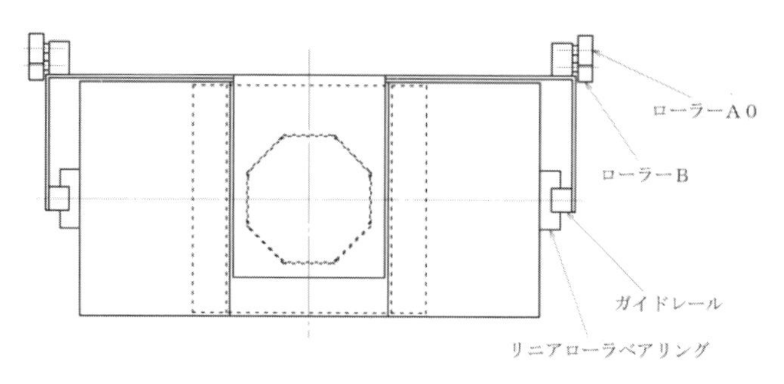

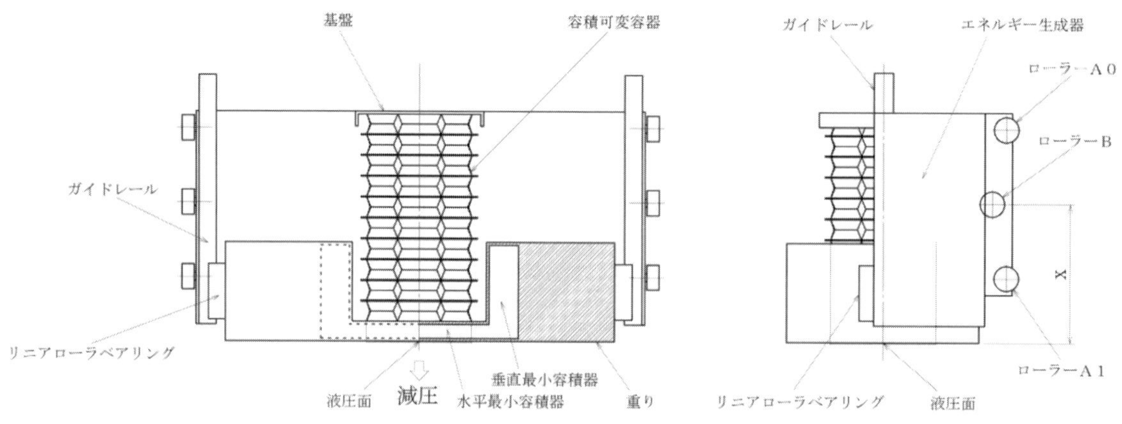

図３５　エネルギー生成器（減圧）

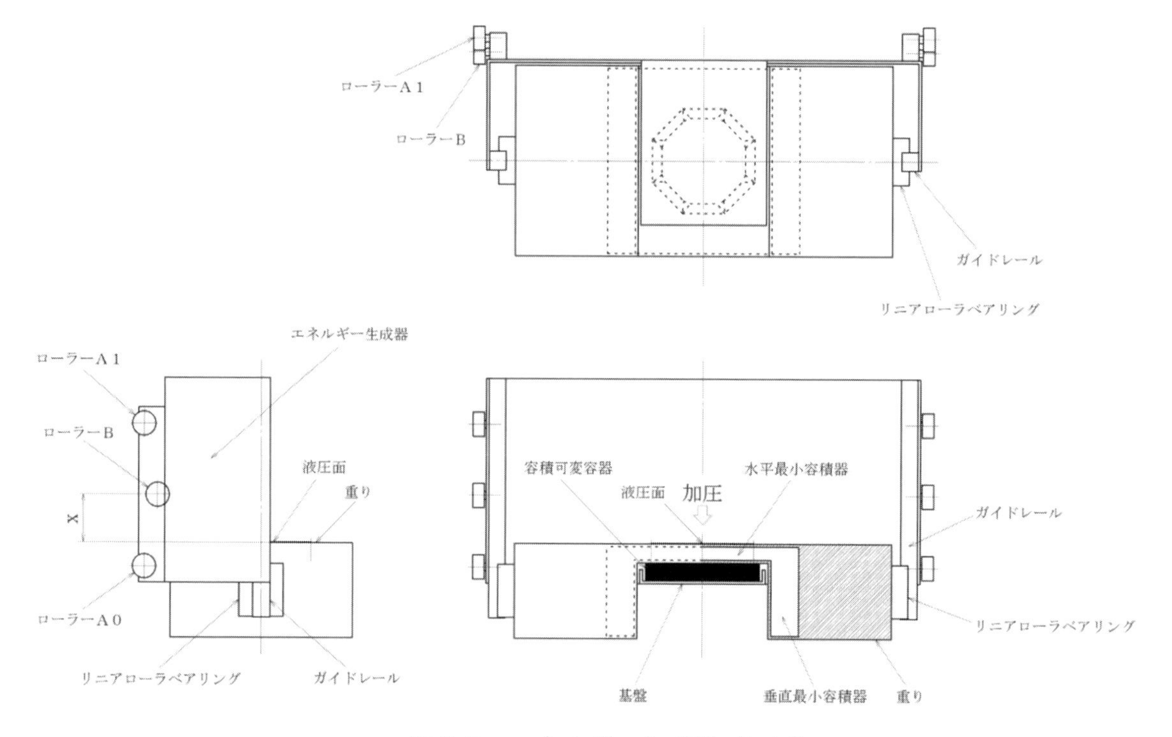

図３６　エネルギー生成器（加圧）

４－３　隔壁と熱交換器「図３７、図３８、図３９」

気体は減圧による膨張時に減温、加圧による圧縮時に加熱、減圧時の膨張、加圧時の収縮で効率良くエネルギーを生成するには、気体温度を均一化する必要があります。

隔壁：容積可変容器の可変方向以外の形状を安定保持、内圧と外圧の圧力差の力を吸収、貫通穴で気体の移動と容積可変容器の気体と熱交換を行う。

容積可変器との接合部：隔壁の周囲の両面と容積可変容器を接合する部分

貫通穴：気体の出入と容積可変容器の気体と熱交換を行う。

熱交換器：容積可変容器と水平最小容積器間、及び水平最小容積器と垂直最小容積器間に熱交換器を設け、貫通穴を介して気体の出入と容積可変容器の気体と熱的に安定した重りと熱融合した熱交換器で熱交換を行う。

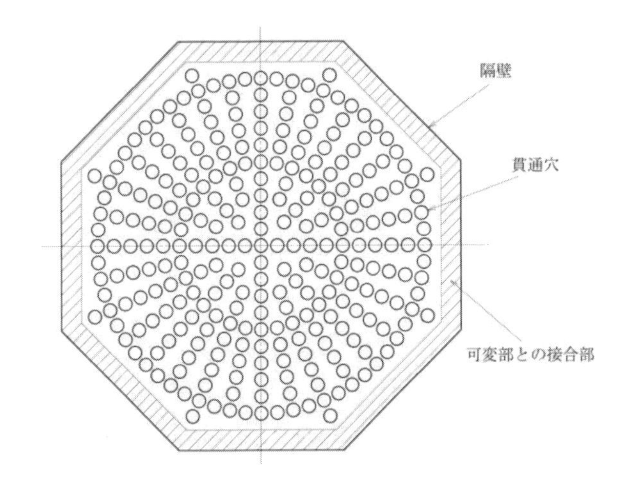

図３７　隔壁

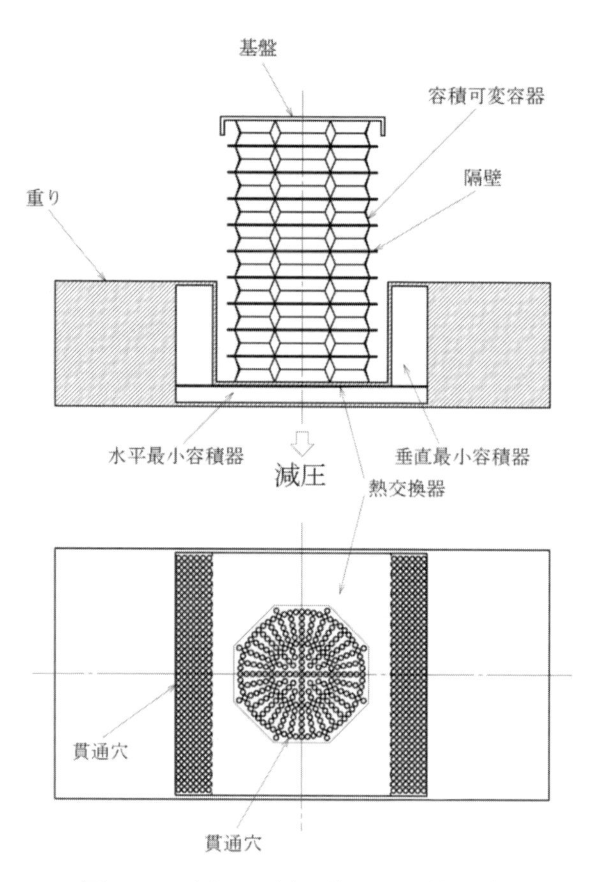

図３８　減圧（膨張）した熱交換器

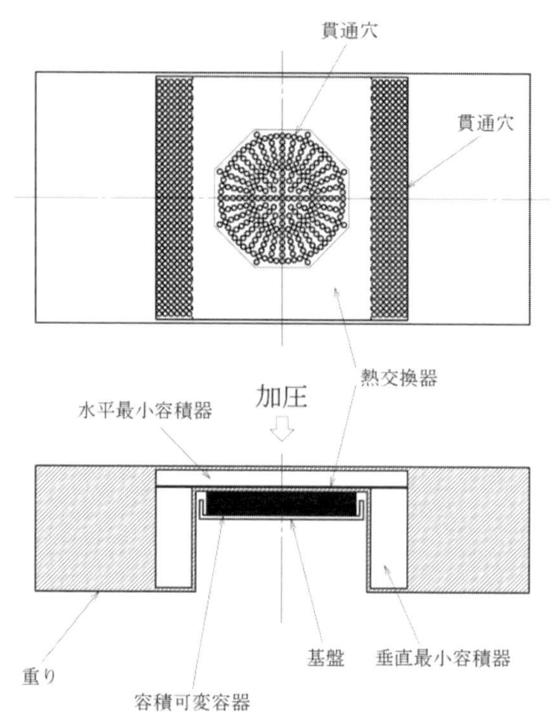

図３９　加圧（圧縮）した熱交換器

４－４　容積可変容器・隔壁・重りと液圧の圧力関係(図４０、４１)

Pi (内圧) : 容積可変容器・水平最小容積器・垂直最小容積器の全ての内面で等圧、重りの先端圧 (内圧を決きめる液圧(Pw)を受ける面) と容積可変容器に対し重りの上下関係で決まる圧力(Pb) 、また液圧(Pw)は液深に追従する。

Pw (外圧) : 容積可変容器と重りの先端面 (内圧を決きめる液圧を受ける面) に受ける圧力、液深に沿った液圧

Pb (重りによる圧力) :重り(密度-1)が容積可変容器の下にあると減圧、上にあると加圧、液中での重りの上下位置と重さにより圧力差を生じ、容積差⇒浮力差⇒駆動力、駆動力⇒位置エネルギー⇒電力の移行でエネルギーを生成する。

Pi = Pw - Pb : 容積可変容器の重りの先端面に受ける液圧に、重りが容積可変容器の下部に位置し減圧することで容積可変容器内の気体が膨張、浮力が上昇する。

Pi = Pw + Pb : 容積可変容器の重りの先端面に受ける液圧に、重りが容積可変容器の上部に位置し加圧することで容積可変容器内の気体が圧縮、浮力が減少する。

Pw - Pi ⇒隔壁で吸収 : 容積可変容器の重りの先端面に受ける液圧に、重りが容積可変容器の下部に位置し減圧した時の内圧(Pi)と液深に追従した液圧(Pw)の圧力差で生じる力を隔壁が吸収

Pi - Pw ⇒隔壁で吸収 : 容積可変容器の重りの先端面に受ける液圧に、重りが容積可変容器の上部に位置し減圧した時の内圧(Pi)と液深に追従した液圧(Pw)の圧力差で生じる力を隔壁が吸収

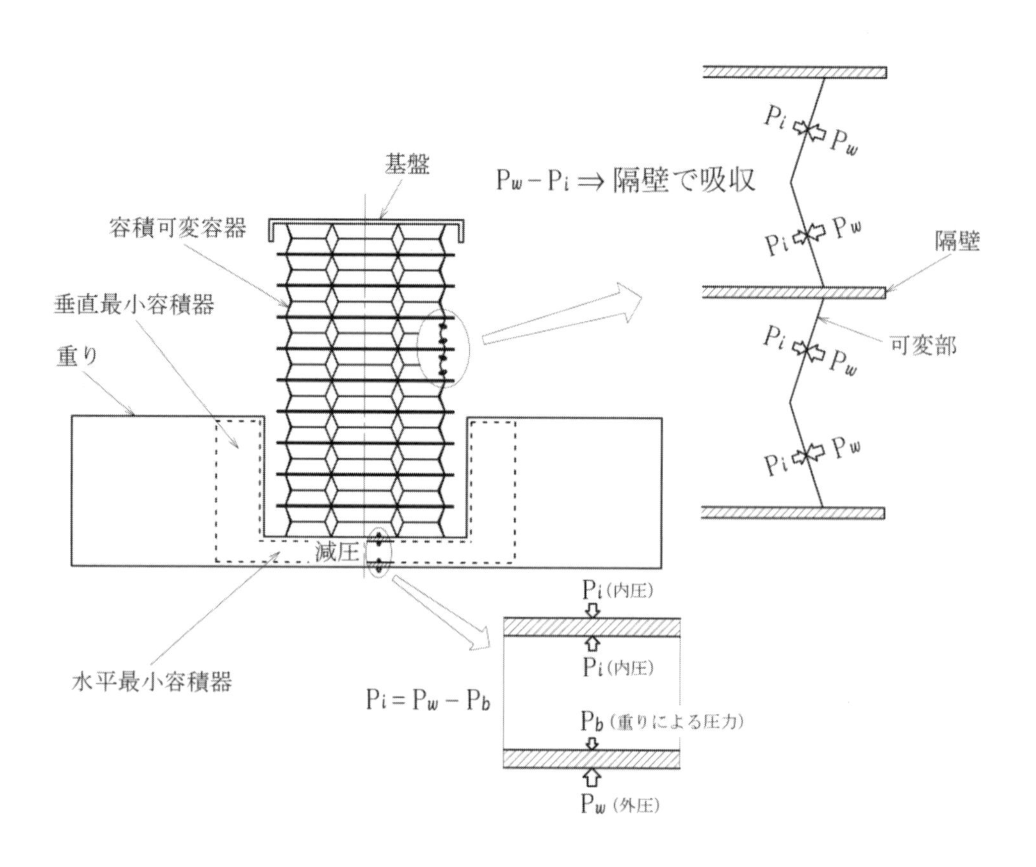

図４０　減圧による内圧・外圧

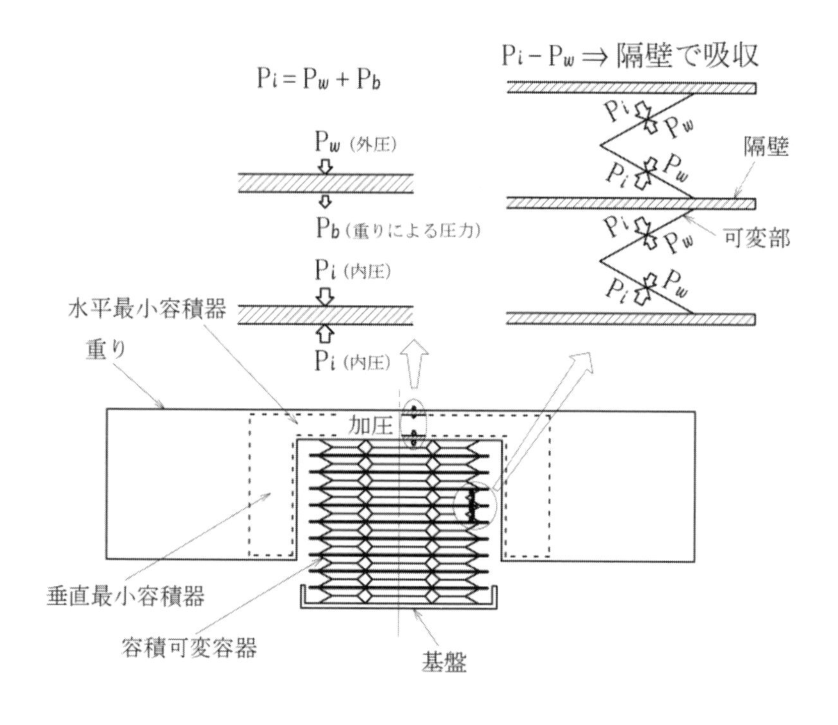

図４１　加圧による内圧・外圧

5　実施例：

重力発電機の容積可変容器に連結した重りの先端（水圧面：容積可変容器の内圧を決きめ、水圧を受ける面）の面積を100cm²とし、重りは水中で30kg（重りの密度-1で換算)、重りが容積可変容器の下方に位置する時は-0.3atm の減圧、重りが容積可変容器の上方に位置する時は+0.3atm の加圧、水平最小容積器＋垂直最小容積器の容積を1,420cc、エネルギー生成器の間隔を 254mm(10in)とし、上下のスプロケットの中心間を 5,080mm(200in)でエネルギー生成器を各２０個、上下のスプロケットに各４個を設け、エネルギー生成器の総数を４８個で構成する。

上下のスプロケットにチェーンを設け、チェーンと内側ガイド・外側ガイドでローラＡ０、ローラＡ１とローラＢを介してエネルギー生成器で生成した駆動力を伝動、ローラＡ０、ローラＡ１の軸間は150mm とし、その中間にローラＢを設置します。

４８個のエネルギー生成器の内側に内壁、外側に外壁を設け、空間を水で満たし、エネルギー生成器の移動に合わせた水流を生じ、上部スプロケット・下部スプロケットに沿った水流に合わせた内壁・外壁に半円形を形成し、乱流を生じない効率的な水流とします。

上昇するエネルギー生成器と下降するエネルギー生成器の中心距離を 889mm とし、重力発電機の横幅を1,400mm、上部スプロケット・下部スプロケットに沿った外壁に形成された半円形の外側に上下に形成された各々スプロケットの中心から 700mm で本体の合計高さは6,480mm、発電機を含めた高さは7,264mmになります。

前面の上部スプロケットの前面に別のスプロケット２を設け、発電機のスプロケット２とチェーン２でつなぎ駆動力を伝達して発電します。

エネルギー生成器の幅を 406mm、奥面と前面の内側ガイド板・外側ガイド板の間隔を470mm、重力発電機の奥行きを805mmとします。

5－1　重力発電機の全体構成（図４２）

重力発電機：４８個のエネルギー生成器で構成、１/２の２４個、または２３個が減圧・膨張、１/２の２４個、または２３個が加圧・縮小、各２３個の場合は上下各１個が加減圧の差は０の等圧で、加圧と減圧の総容積差で浮力差を生じ、駆動力を生成する。

発電機：エネルギー生成装置で生成した駆動力で発電

内側ガイド：ローラＡ０・ローラＡ１と内側ガイドでエネルギー生成器をガイド

内側ガイド板：内側ガイドを形成する板、および水流の側面をガイド

外側ガイド：ローラＢと外側ガイドでエネルギー生成器をガイド

外側ガイド板：外側ガイドを形成する板、および水流の側面をガイド

内壁：エネルギー生成器の上昇と下降に沿った水流を乱流が生じさせない為の内側の

壁

外壁：エネルギー生成器の上昇と下降に沿った水流を乱流が生じさせない為の外側の壁

水流：エネルギー生成器の上昇・下降と内壁・外壁・内側ガイド板・外側ガイド板に沿った水流

水面：エネルギー生成装置で使用される水の水面、内壁・外壁・内側ガイド板・外側ガイド板の水流に影響されない場所に設置

容積可変容器の中心：エネルギー生成器の容積可変容器の中心で上昇・下降の中心間隔は889mm

シャフト：前後のスプロケット１間をつなぎ、上下一対具備、及び駆動力を発電機に伝達するスプロケット２とつなぐ軸

スプロケット１：前後・上下の４ヶ所に具備、前後の一対のチェーン１で４８個のエネルギー生成器を連動して、駆動力を伝達

チェーン１：前後の一対のチェーン１で４８個のエネルギー生成器を連動して、駆動力を伝達

スプロケット２：シャフトに具備したスプロケット２と発電機に具備したスプロケット２をチェーン２で駆動力を発電機に伝達

チェーン２：シャフトに具備したスプロケット２と発電機に具備したスプロケット２をチェーン２で駆動力を発電機に伝達する。

カバー：重力発電機で使用される水の水面を保持する面、および発電機のカバー

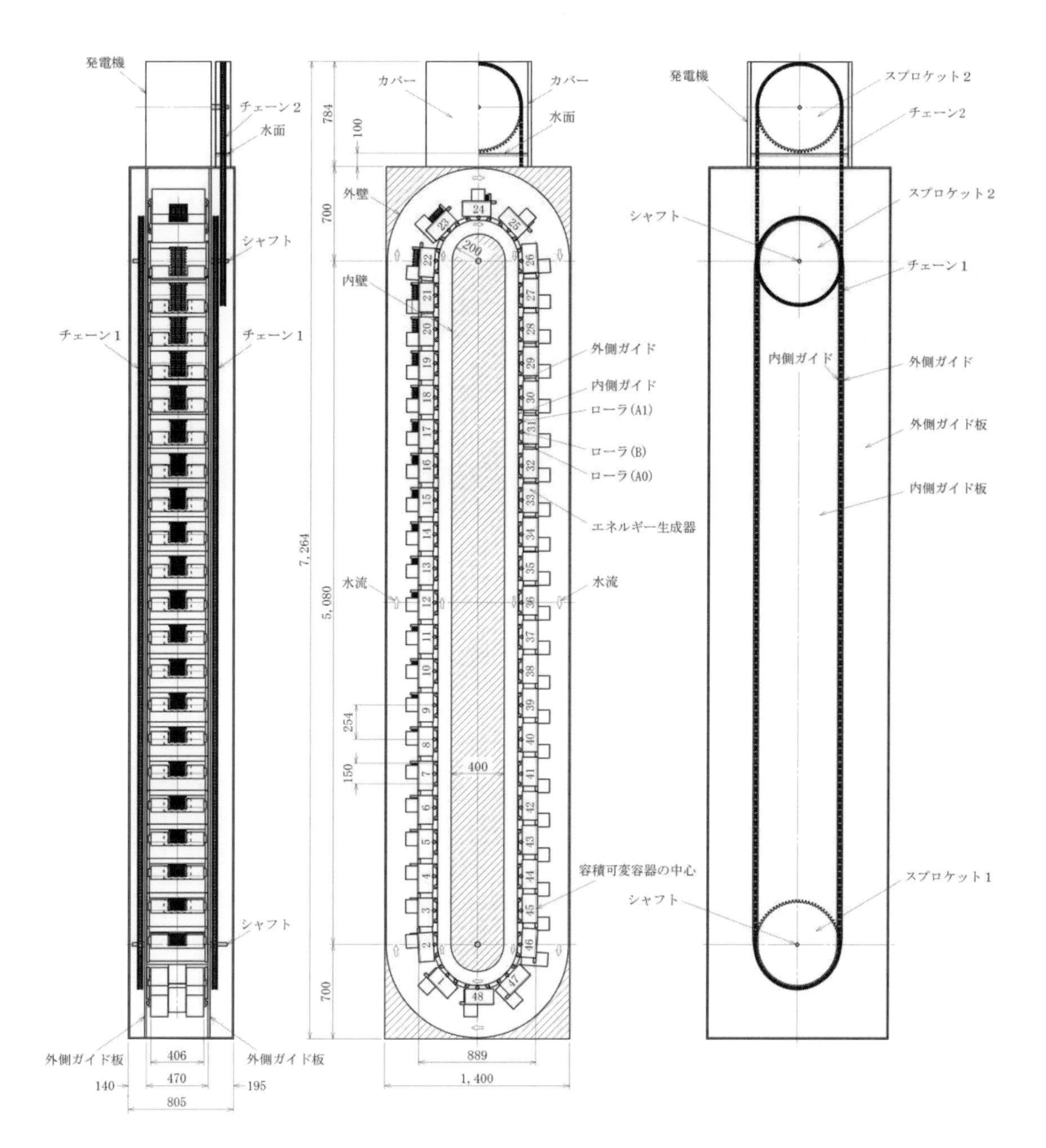

図４２　重力発電機の全体構成

５－２　容積可変容器の軌道（図４３）と重力発電機の詳細（図４４）

上昇円軌道下：ローラＡ０・ローラＡ１共に内側ガイドの円上に位置し、エネルギー生成器は上昇円軌道を描く

上昇円直移行軌道下：ローラＡ０が内側ガイドの直線上、ローラＡ１が内側ガイドの円上に位置し、エネルギー生成器は上昇円軌道から上昇直線軌道に移行

上昇直線軌道：ローラＡ０・ローラＡ１共に内側ガイドの直線上に位置し、エネルギー生成器は上昇直線軌道を描く

上昇直円移行軌道上：ローラＡ０が内側ガイドの円上、ローラＡ１が内側ガイドの直線上に位置し、上昇直線軌道から上昇円軌道に移行

上昇円軌道上：ローラＡ０・ローラＡ１共に内側ガイドの円上に位置、エネルギー生成器は上昇円軌道を描く

下降円軌道上：ローラＡ０・ローラＡ１共に内側ガイドの円上に位置、エネルギー生成器は下降円軌道を描く

下降円直移行軌道上：ローラＡ０が内側ガイドの直線上、ローラＡ１が内側ガイドの円上に位置し、下降円軌道から下降直線軌道に移行

下降直線軌道：ローラＡ０・ローラＡ１共に内側ガイドの直線上に位置し、エネルギー生成器は下降直線軌道を描く

下降直円移行軌道下：ローラＡ０が内側ガイドの円上、ローラＡ１が内側ガイドの直線上に位置し、下降直線軌道から下降円軌道に移行

下降円軌道下：ローラＡ０・ローラＡ１共に内側ガイドの円上に位置、エネルギー生成器は下降円軌道を描く

θ_0：円軌道上のエネルギー生成器のローラ B の中心と円軌道上の中心との成す角度、θ_2 と同期し上昇と下降のエネルギー生成器の総重量はバランス、容積可変容器の気体の容積を計算する角度は「$\theta = 90 - \theta_0$」

θ_1：円軌道上のエネルギー生成器のローラ B の中心と円軌道上の中心との成す角度、θ_3 と同期し上昇と下降のエネルギー生成器の総重量はバランス、容積可変容器の気体の容積を計算する角度は「$\theta = \theta_1$」

θ_2：円軌道下のエネルギー生成器のローラ B の中心と円軌道上の中心との成す角度、θ_0 と同期し上昇と下降のエネルギー生成器の総重量はバランス、容積可変容器の気体の容積を計算する角度は「$\theta = 90 - \theta_2$」

θ_3：円軌道上のエネルギー生成器のローラ B の中心と円軌道上の中心との成す角度、θ_1 と同期し上昇と下降のエネルギー生成器の総重量はバランス、容積可変容器の気体の容積を計算する角度は「$\theta = \theta_3$」

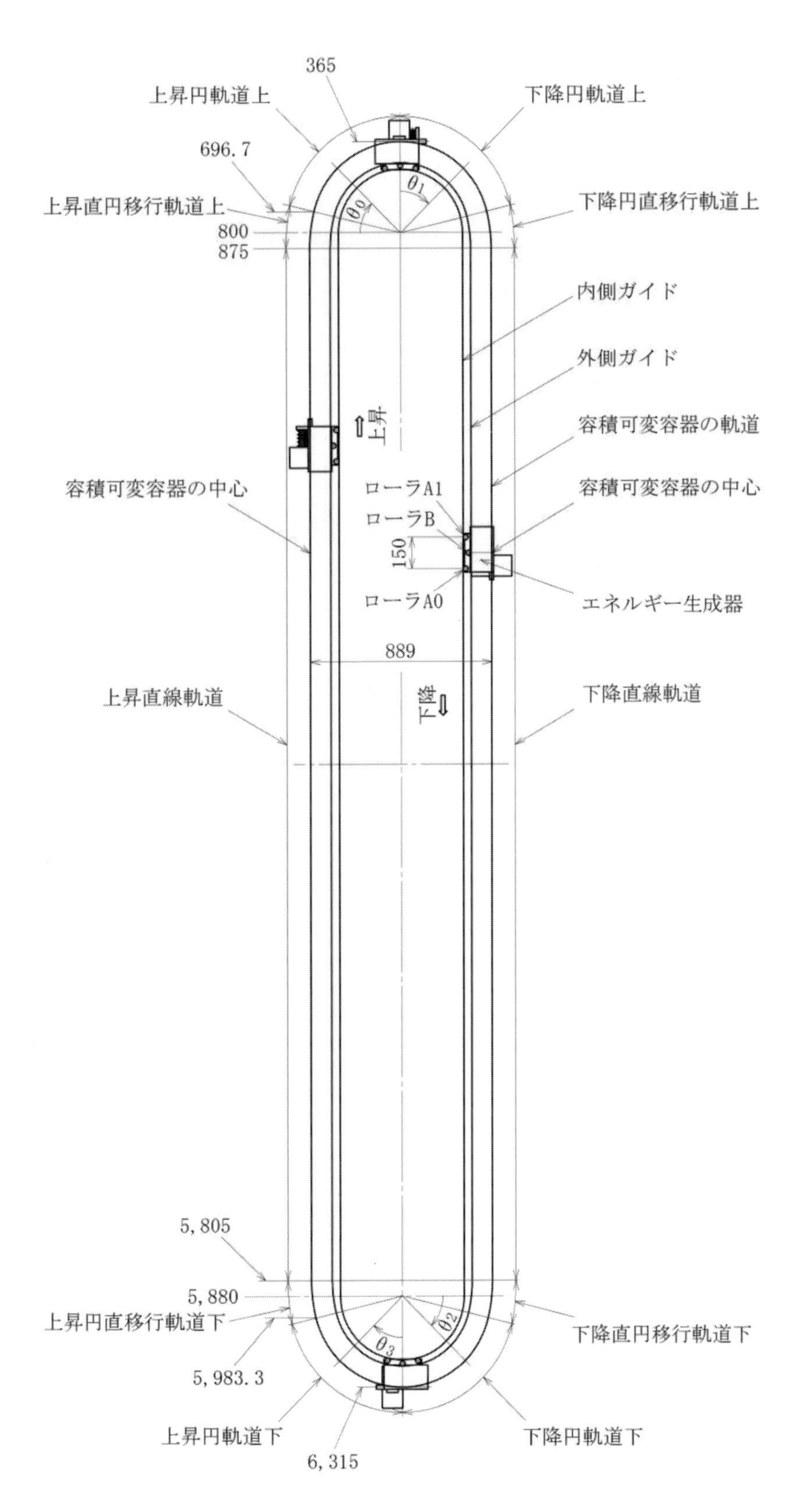

図４３　容積可変容器の軌道

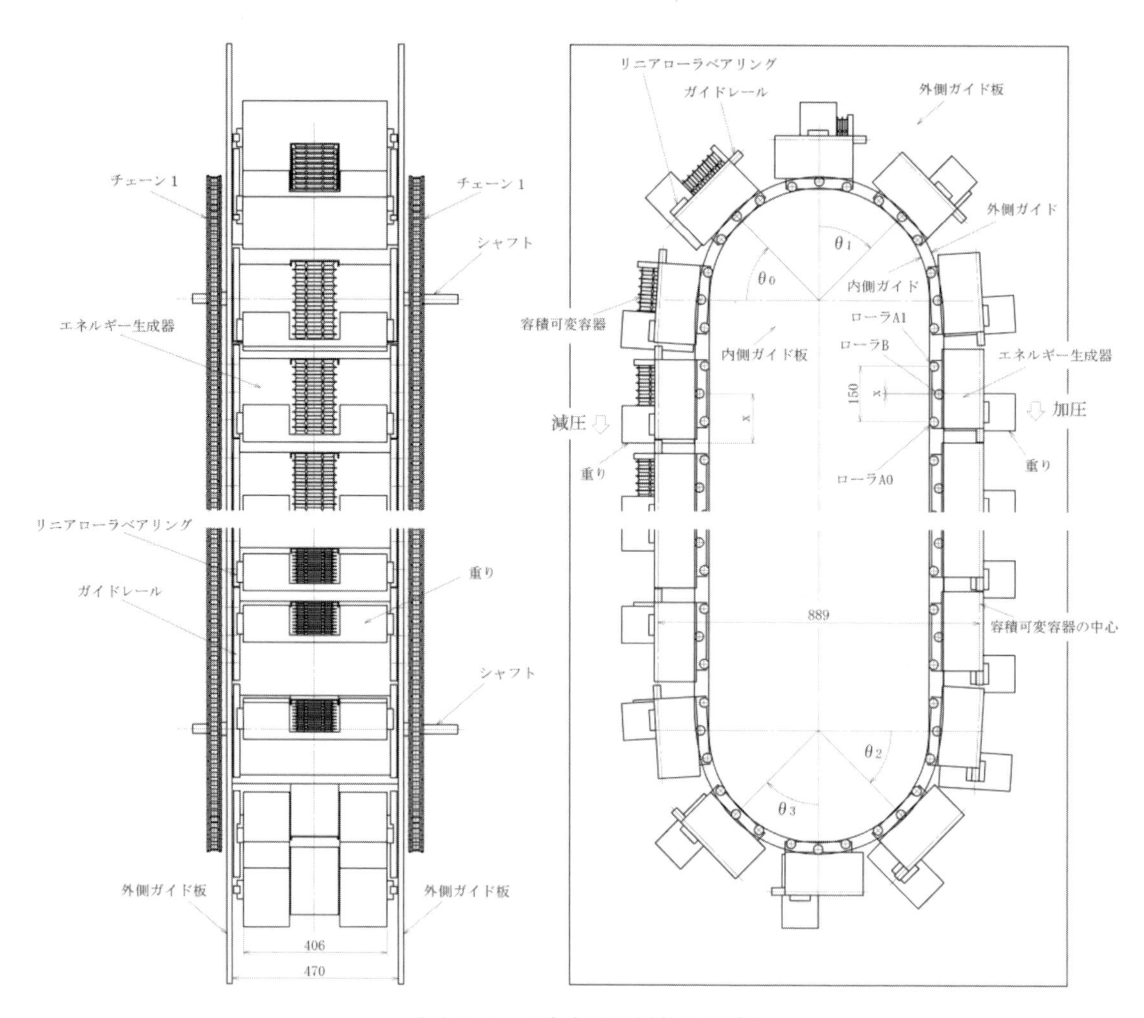

図４４　重力発電機の詳細

重力発電機でエネルギー生成器の軌道は内側ガイド・外側ガイドとローラＡ０・ローラＡ１・ローラＢで決まり、上昇直線軌道（ローラＡ０・ローラＡ１・ローラＢが直線上、水深 5,805～875㎜）、上昇直円移行軌道上（ローラＡ０が円上、ローラＡ１が直線上、水深 875～696.7㎜）、上昇円軌道上（ローラＡ０とローラＡ１が円上、水深 696.7～365㎜）・下降円軌道上（ローラＡ０とローラＡ１が円上、水深 365～696.7㎜）、下降円直移行軌道上（ローラＡ０が直線上、ローラＡ１が円上、水深 696.7～875㎜）、下降直線軌道（ローラＡ０・ローラＡ１・ローラＢが直線上、水深 875～5,805㎜）、下降直円移行軌道下（ローラＡ０が円上、ローラＡ１が直線上、水深 5,805～5,983.3㎜）、下降円軌道下（ローラＡ０とローラＡ１が円上、水深 5,983.3～6,315㎜）、上昇円軌道下（ローラＡ０とローラＡ１が円上、水深 6,315～5,983.3㎜）、上昇円直移行軌道下（ローラＡ０が直線上、ローラＡ１が円上、水深 5,983.3～5,805㎜）のサイクルを繰り返す。

エネルギー生成器は上昇部、及び下降部の各々において２４個、または２３個（最上位・最下位に各１個)、各エネルギー生成器は水中で３０kg（鉄：大気中で３４．１５kg[比重：８．２３]）の重りを有し、２４個で上昇部・下降部の各々に約７２０kg（鉄：８１９．６kg）を有します。

上昇円直移行軌道下・上昇直線軌道・上昇直円移行軌道上と下降円直移行軌道上・下降直線軌道・下降直円移行軌道下のエネルギー生成器（重り）は同数となり、上昇円軌道上の角度（θ0）と下降円軌道下の角度（θ2）が同期、下降円軌道上の角度（θ1）と上昇円軌道下の角度（θ3）が同期しており、全ての上昇部と下降部でエネルギー生成器（重り）はバランスして、エネルギー生成器で上昇部と下降部で生じた容積差より、浮力差を生じ、駆動力を生成、片側７２０kg（鉄：８１９．６kg）の重りは上昇部・下降部でバランスすることで、駆動力の負荷とはなりえません。

自身の駆動力で始動、または自身と外部の追加駆動力により始動すれば、全可動部の質量の慣性で常時安定した発電が出来、発電量は総位置エネルギーと速度ｖで決まります。

５－３　ローラＢの中心と容積可変容器に連結した重りの先端（容積可変容器の内圧を決きめ、水圧を受ける面積 100cm^2 の水圧面）の距離　ｘ　（式１、２）

左辺：エネルギー生成器の浮力を生成する総容積、水圧面の面積(cm^2)×移動量(ｘmm)＋最少容積(cc)

右辺：気体の体積は絶対温度に比例し圧力に反比例する総容積、基準の容積・圧力、ローラＢの中心位置の圧力、ローラＢの中心と容積可変容器に連結した重りの先端（容積可変容器の内圧を決きめる水圧面）との距離ｘ、エネルギー生成器角度補正、気体温度は $T_0 \Leftrightarrow T$ のサイクルを形成、１サイクルの時間は短時間で T_0 とＴはほぼ等しいので削除

水圧を受ける面積(cm^2)：100cm^2、容積可変容器に連結した重りの先端（容積可変容器の内圧を決きめる水圧面）

水圧面の移動量ｘ(mm)：ローラＢの中心と容積可変容器に連結した重りの先端（容積可変容器の内圧を決きめる水圧面）の距離

最少容積器の容積(cc)：1,420(cc)、水平最小容積器と垂直最小容積器に分割した最小容積

単位合わせ(mm⇒cm)：水圧面の移動量(mm)を(cm)に変換する係数

水圧面の負の補正量(mm)：距離ｘの基準をローラＢの中心に設定、50mm 程度の負の補正とする

容積の基準量：3,420(cc)、基準気体の温度 T_0(K)・基準水圧 0.78atm(水深 800mm、減圧-0.3atm)

加減圧：水中で３０kg（鉄：３４．１５kg[比重：８．２３]）の重りで減圧-0.3atm、加圧 0.3atm

基準水圧(0.78atm)：水深 800mm・減圧-0.3atm

変換係数[水深(mm)⇒水圧(atm)]：0.0001

基準気体の温度 T_0(K)：「気体の体積は絶対温度に比例し圧力に反比例」の基準気体の温度 T_0(K)

対象気体の温度 T(K)：「気体の体積は絶対温度に比例し圧力に反比例」の対象気体の温度 T(K)

極性(減圧-,加圧+)：容積可変容器に連結した重りの上下による極性

極性(減圧+,加圧-)：距離（ｘ）の極性、ローラＢの中心と容積可変容器に連結した重りの先端（容積可変容器の内圧を決きめる水圧面）の上下による。

エネルギー生成器の角度係数：容積可変容器に連結した重りの角度係数、距離（ｘ）の角度係数

５－３－１　容積と駆動力を計算

ローラ(B)の中心と容積可変容器に連結した重りの先端の距離（ｘ）より容積と駆動力を計算

エネルギー生成器の浮力を生成する容積(cc)：10×(x+50)+1,420

エネルギー生成器が生成する駆動力(kg)：容積(cc)×0.001×角度係数

総容積=水圧面の面積
×移動量＋最少容積

水圧面の負の補足量(mm)
水圧面の移動量(mm)　最少容積器の容積(cc)
水圧を受ける面積(cm²)

$100\times0.1\times(x+50)+1,420$

単位合わせ(mm⇒cm)

気体の体積は絶対温度に比例し、圧力に反比例

容積の基準量(cc、T0・0.78atm)　基準内圧(atm、水深800mm・減圧0.3atm)
対象気体の温度(K)　変換係数：水深(mm)⇒水圧(atm)
T0とTがほぼ等しいので削除

$$=\frac{T\times3,420\times0.78}{T_0\times(1+0.0001\times A-0.3\times\cos(90-\theta)+0.0001\times\cos(90-\theta)\times x)}$$

大気圧　水深　加減圧　極性(減圧+, 加圧-)
基準気体の温度(K)　極性(減圧-, 加圧+)　エネルギー生成器の角度係数
変換係数：水深(mm)⇒水圧(atm)　水圧面の移動量(mm)

上昇直線軌道　深さ⇒A(mm)

$(10x+1920)((1+0.0001\times A-0.3)+0.0001\times x)-2667.6=0$

$0.001x\ +(7.192+0.001\times A)x+(0.192\times A-1323.6)=0$

二次方程式の根の公式

$ax^2+bx+c=0$

$x=(-b\pm\sqrt{b^2-4ac})/2a$

$x=(-(7.192+0.001\times A)$
$+\sqrt{((7.192+0.001\times A)^2-4\times0.001\times(0.192\times A-1323.6))})/0.002$

下降直線軌道　深さ⇒A(mm)

$(10x+1920)((1+0.0001\times A+0.3)-0.0001x)-2667.6=0$

$-0.001x^2+(13.192+0.001\times A)x+(0.192\times A-171.6)=0$

$x=(-(13.192+0.001\times A)$
$+\sqrt{((13.192+0.001\times A)^2+4\times0.001\times(0.192\times A-171.6))})/(-0.002)$

式１　重力発電機の基本計算

上昇直円移行軌道上

深さ⇒A(mm)

角度⇒θ(°)

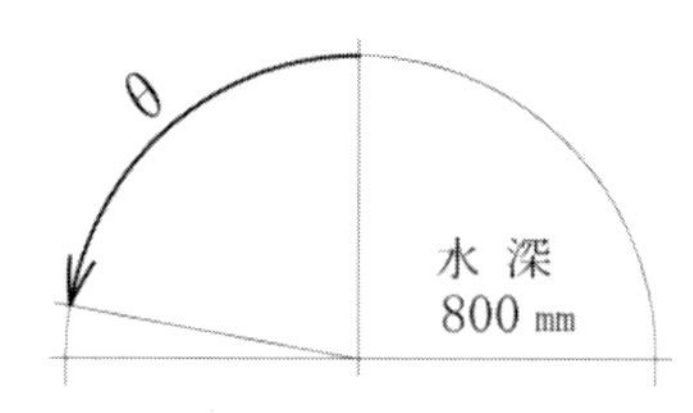

$$(10x+1920)((1-0.3\times\cos(90-\theta)+0.0001\times A)+0.0001\times\cos(90-\theta)x)-2667.6=0$$

$$0.001\times\cos(90-\theta)x^2+(10-2.808\times\cos(90-\theta)+0.001\times A)x+0.192\times A-576\times\cos(90-\theta)-747.6=0$$

$$x=(-(10-2.808\times\cos(90-\theta)+0.001\times A)+\sqrt{((10-2.808\times\cos(90-\theta)+0.001\times A)^2-4\times0.001\times\cos(90-\theta)\times(0.192\times A-576\times\cos(90-\theta)-747.6))})/(0.002\times\cos(90-\theta))$$

上昇円軌道上

角度⇒θ(°)

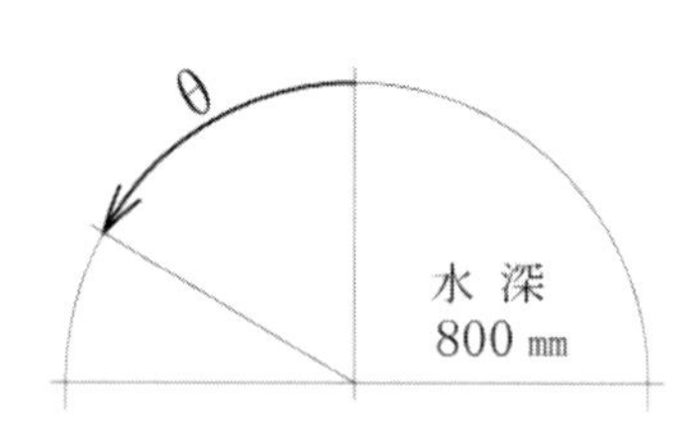

$$(10x+1920)((1.08-0.3\times\cos(90-\theta)-0.0435\times\cos(\theta))+0.0001\times\cos(90-\theta)x)-2667.6=0$$

$$(0.001\times\cos(90-\theta)x^2+(10.8-3\times\cos(90-\theta)-0.435\times\cos(\theta))+0.192\times\cos(90-\theta))x+(83.52\times\cos(\theta)+576\times\cos(90-\theta)+594)=0$$

$$x=(-(10.8-3\times\cos(90-\theta)-0.435\times\cos(\theta)+0.192\times\cos(90-\theta))+\sqrt{((10.8-3\times\cos(90-\theta)-0.435\times\cos(\theta)+0.192\times\cos(90-\theta))^2+4\times0.001\times\cos(90-\theta)\times(83.52\times\cos(\theta)+576\times\cos(90-\theta)+594))})/(0.002\times\cos(90-\theta))$$

式2　ローラBの中心と重りの先端間の距離x

下降円軌道上

角度⇒θ(°)

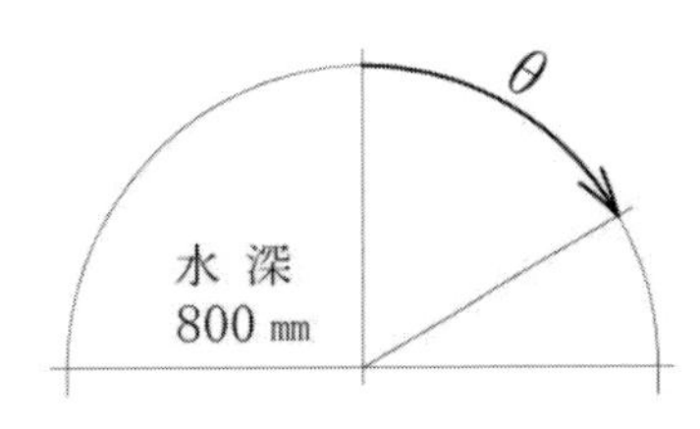

$$(10x+1920)((1.08+0.3\times\cos(90-\theta)-0.0435\times\cos(\theta))-0.0001$$
$$\times\cos(90-\theta)x)-2667.6=0$$
$$(-0.001\times\cos(90-\theta)x^{2}+(10.8+3\times\cos(90-\theta)-0.435\times\cos(\theta))$$
$$-0.192\times\cos(90-\theta))x^{2}$$
$$-(83.52\times\cos(\theta)-576\times\cos(90-\theta)+594)=0$$
$$x=(-(10.8+3\times\cos(90-\theta)-0.435\times\cos(\theta)-0.192\times\cos(90-\theta))$$
$$+\sqrt{((10.8+3\times\cos(90-\theta)-0.435\times\cos(\theta)-0.192\times\cos(90-\theta))^{2} -4\times0.001\times\cos(90-\theta)\times(83.52\times\cos(\theta)-576\times\cos(90-\theta)+594))})$$
$$/(-0.002\times\cos(90-\theta))$$

下降円直移行軌道上

深さ⇒A(mm)

角度⇒θ(°)

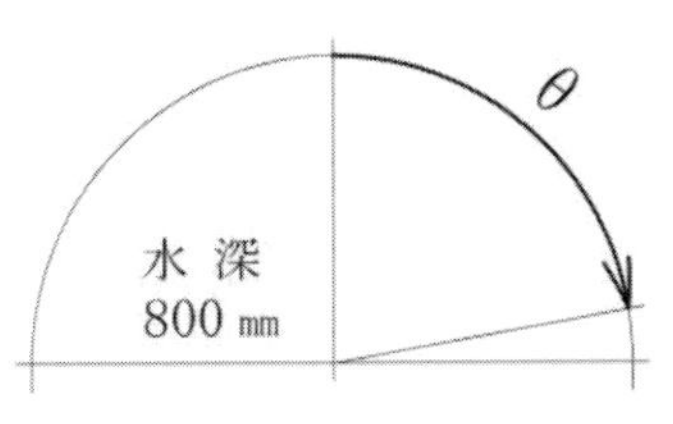

$$(10x+1920)((1+0.3\times\cos(90-\theta)+0.0001\times A)-0.0001\times\cos(90-\theta)x)$$
$$-2667.6=0$$
$$-0.001\times\cos(90-\theta)x^{2}+(10+3.192\times\cos(90-\theta)+0.001\times A)x+0.192$$
$$\times A+576\times\cos(90-\theta)\overset{2}{-}747.6=0$$
$$x=(-(10+3.192\times\cos(90-\theta)+0.001\times A)$$
$$+\sqrt{((10+3.192\times\cos(90-\theta)+0.001\times A)^{2}+4\times0.001\times\cos(90-\theta) \times(0.192\times A+576\times\cos(90-\theta)-747.6))})/(-0.002\times\cos(90-\theta))$$

式3　ローラBの中心と重りの先端間の距離x

下降直円移行軌道下

深さ⇒A(mm)

角度⇒θ(°)

水 深
5,880 mm

θ

$(10x+1920)((1+0.3\times\cos(90-\theta)+0.0001\times A)-0.0001\times\cos(90-\theta)x)-2667.6=0$

$-0.001\times\cos(90-\theta)x^2+(10+3.192\times\cos(90-\theta)+0.001\times A)x+0.192\times A+576\times\cos(90-\theta)-747.6=0$

$x=(-(10+3.192\times\cos(90-\theta)+0.001\times A)+\sqrt{((10+3.192\times\cos(90-\theta)+0.001\times A)^2+4\times 0.001\times\cos(90-\theta)\times(0.192\times A-576\times\cos(90-\theta)-747.6))})/(-0.002\times\cos(90-\theta))$

下降円軌道下

角度⇒θ(°)

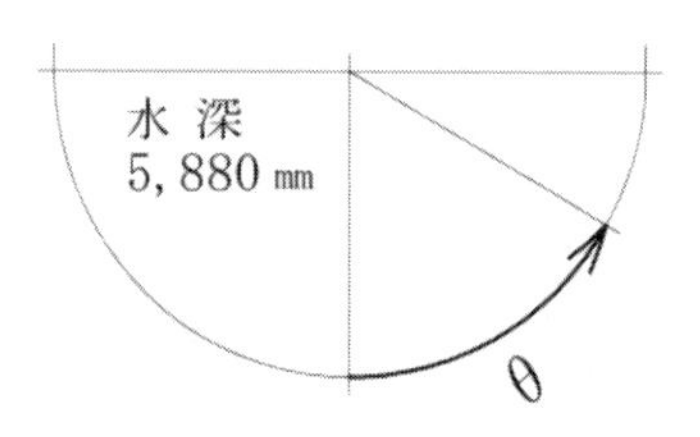

$(10x+1920)((1.588+0.3\times\cos(90-\theta)+0.0435\times\cos(\theta))-0.0001\times\cos(90-\theta)x)-2667.6=0$

$(-0.001\times\cos(90-\theta)x^2+(15.88+3\times\cos(90-\theta)+0.435\times\cos(\theta))+0.192\times\cos(90-\theta))x+(83.52\times\cos(\theta)+576\times\cos(90-\theta)+381.36)=0$

$x=(-(15.88+3\times\cos(90-\theta)+0.435\times\cos(\theta)+0.192\times\cos(90-\theta))+\sqrt{((15.88+3\times\cos(90-\theta)+0.435\times\cos(\theta)+0.192\times\cos(90-\theta))^2+4\times 0.001\times\cos(90-\theta)\times(83.52\times\cos(\theta)+576\times\cos(90-\theta)+381.36))})/(-0.002\times\cos(90-\theta))$

式4　ローラBの中心と重りの先端間の距離x

上昇円軌道下

角度⇒θ(°)

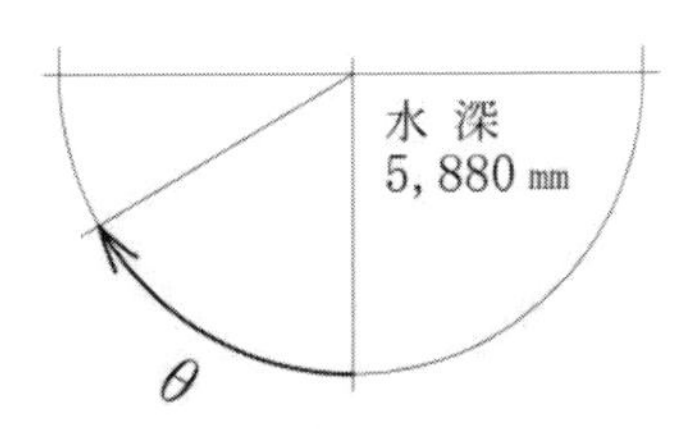

$$(10x+1920)((1.588-0.3\times\cos(90-\theta)+0.0435\times\cos(\theta))+0.0001\times\cos(90-\theta)x)-2667.6=0$$

$$(0.001\times\cos(90-\theta)x^2+(15.88-3\times\cos(90-\theta)+0.435\times\cos(\theta))+0.192\times\cos(90-\theta))x+(83.52\times\cos(\theta)-576\times\cos(90-\theta)+381.36)=0$$

$$\begin{aligned}x=&(-(15.88-3\times\cos(90-\theta)+0.435\times\cos(\theta)+0.192\times\cos(90-\theta))\\&+\sqrt{((15.88-3\times\cos(90-\theta)+0.435\times\cos(\theta)+0.192\times\cos(90-\theta))^2-4\times0.001\times\cos(90-\theta)\times(83.52\times\cos(\theta)-576\times\cos(90-\theta)+381.36)})\\&/(0.002\times\cos(90-\theta))\end{aligned}$$

上昇円直移行軌道下

深さ⇒A(mm)

角度⇒θ(°)

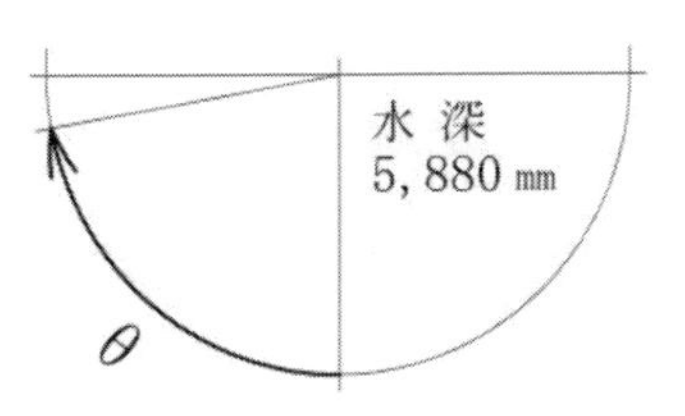

$$(10x+1920)((1-0.3\times\cos(90-\theta)+0.0001\times A)+0.0001\times\cos(90-\theta)x)-2667.6=0$$

$$0.001\times\cos(90-\theta)x^2+(10-2.808\times\cos(90-\theta)+0.001\times A)x+0.192\times A-576\times\cos(90-B)\dot{-}747.6=0$$

$$\begin{aligned}x=&(-(10-2.808\times\cos(90-\theta)+0.001\times A)\\&+\sqrt{((10-2.808\times\cos(90-\theta)+0.001\times A)^2-4\times0.001\times\cos(90-\theta)\times(0.192\times A-576\times\cos(90-\theta)-747.6)})\\&/(0.002\times\cos(90-\theta))\end{aligned}$$

式5　ローラBの中心と重りの先端間の距離x

項目内容 / 軌道形態	条件				減圧(上昇)軌道				加圧(下降)軌道				(上昇-下降)差	
	角度 (θ°)	角度係数	水深 (mm)	水圧 (atm)	内圧 (atm)	距離 x(mm)	容積 (cc)	駆動力 (kg)	内圧 (atm)	距離 x(mm)	容積 (cc)	駆動力 (kg)	容積差 (cc)	駆動力 (kg)
	0.0	0.0000	365	1.0365	1.0365	65.4	2,574	0.0000	1.0365	65.4	2,574	0.0000	0	0.0000
	4.5	0.0785	366	1.0366	1.0131	71.2	2,632	0.2065	1.0617	59.7	2,517	0.1975	115	0.0090
	9.0	0.1564	370	1.0370	0.9901	77.1	2,691	0.4210	1.0840	54.3	2,463	0.3853	228	0.0357
	13.5	0.2335	377	1.0377	0.9677	83.1	2,751	0.6422	1.1077	49.1	2,411	0.5628	340	0.0794
	18.0	0.3090	386	1.0386	0.9459	89.2	2,812	0.8690	1.1313	44.1	2,361	0.7296	451	0.1394
	22.5	0.3827	398	1.0398	0.9250	95.3	2,873	1.0994	1.1546	39.3	2,313	0.8851	560	0.2143
	27.0	0.4540	412	1.0412	0.9051	101.3	2,933	1.3316	1.1775	34.9	2,269	1.0301	664	0.3014
減圧軌道:	31.5	0.5225	429	1.0429	0.8862	107.1	2,991	1.5628	1.1997	30.7	2,227	1.1636	764	0.3992
上昇円軌道上	36.0	0.5878	448	1.0448	0.8685	112.8	3,048	1.7916	1.2212	26.7	2,187	1.2855	861	0.5061
加圧軌道:	40.5	0.6495	469	1.0469	0.8521	118.3	3,103	2.0152	1.2418	23.1	2,151	1.3970	952	0.6183
下降円軌道上	45.0	0.7071	492	1.0492	0.8370	123.4	3,154	2.2302	1.2613	19.7	2,117	1.4969	1,037	0.7333
	49.5	0.7604	518	1.0518	0.8237	128.1	3,201	2.4341	1.2799	16.6	2,086	1.5862	1,115	0.8479
	54.0	0.8090	544	1.0544	0.8117	132.4	3,244	2.6245	1.2972	13.8	2,058	1.6650	1,186	0.9595
	58.5	0.8526	573	1.0573	0.8015	136.1	3,281	2.7975	1.3131	11.3	2,033	1.7334	1,248	1.0641
	63.0	0.8911	603	1.0603	0.7930	139.2	3,312	2.9513	1.3276	9.1	2,011	1.7920	1,301	1.1593
	67.5	0.9239	634	1.0634	0.7862	141.7	3,337	3.0830	1.3405	7.1	1,991	1.8394	1,346	1.2435
	72.0	0.9511	666	1.0666	0.7813	143.6	3,356	3.1918	1.3519	5.4	1,974	1.8774	1,382	1.3144
	76.5	0.9724	699	1.0699	0.7782	145.0	3,370	3.2769	1.3616	4.0	1,960	1.9058	1,410	1.3710

表１　軌道形態・水圧・角度・距離ｘ・容積・駆動力と減圧・加圧の関係

項目内容 ＼ 軌道形態	条件				減圧(上昇)軌道					加圧(下降)軌道			(上昇-下降)差	
	角度 (θ°)	角度係数	水深 (mm)	水圧 (atm)	内圧 (atm)	距離 x(mm)	容積 (cc)	駆動力 (kg)	内圧 (atm)	距離 x(mm)	容積 (cc)	駆動力 (kg)	容積差 (cc)	駆動力 (kg)
減圧軌道:	80.3	0.9857	729	1.0729	0.7772	146.0	3,380	3.3317	1.3687	2.9	1,949	1.9211	1,431	1.4105
上昇直円移行軌道上 加圧軌道:	83.8	0.9942	762	1.0762	0.7810	144.7	3,367	3.3475	1.3744	2.1	1,941	1.9297	1,426	1.4177
下降円直移行軌道上	86.6	0.9982	792	1.0792	0.7797	143.9	3,359	3.3530	1.3787	1.5	1,935	1.9315	1,424	1.4214
	88.5	0.9997	822	1.0822	0.7824	142.9	3,349	3.3480	1.3821	1.0	1,930	1.9294	1,419	1.4186
	89.6	0.9999	850	1.0850	0.7851	141.8	3,338	3.3377	1.3850	0.6	1,926	1.9258	1,412	1.4119
	90.0	1.0000	1,054	1.1054	0.8054	133.8	3,258	3.2580	1.4054	-2.2	1,898	1.8980	1,360	1.3600
	90.0	1.0000	1,308	1.1308	0.8308	124.4	3,164	3.1640	1.4308	-5.5	1,865	1.8650	1,299	1.2990
減圧軌道:	90.0	1.0000	1,562	1.1562	0.8562	115.4	3,074	3.0740	1.4562	-8.7	1,833	1.8330	1,241	1.2410
上昇直線軌道	90.0	1.0000	1,816	1.1816	0.8816	107.0	2,990	2.9900	1.4816	-11.8	1,802	1.8020	1,188	1.1880
加圧軌道:	90.0	1.0000	2,070	1.2070	0.9070	98.9	2,909	2.9090	1.5070	-14.8	1,772	1.7720	1,137	1.1370
下降直線軌道	90.0	1.0000	2,324	1.2324	0.9324	91.3	2,833	2.8330	1.5324	-17.7	1,743	1.7430	1,090	1.0900
	90.0	1.0000	2,578	1.2578	0.9578	84.1	2,761	2.7610	1.5578	-20.5	1,715	1.7150	1,046	1.0460
	90.0	1.0000	2,832	1.2832	0.9832	77.2	2,692	2.6920	1.5832	-23.2	1,688	1.6880	1,004	1.0040
	90.0	1.0000	3,086	1.3086	1.0086	70.6	2,626	2.6260	1.6086	-25.8	1,662	1.6620	964	0.9640
	90.0	1.0000	3,340	1.3340	1.0340	64.4	2,564	2.5640	1.6340	-28.4	1,636	1.6360	928	0.9280

表２　軌道形態・水圧・角度・距離 x・容積・駆動力と減圧・加圧の関係

項目内容 / 軌道形態	条件				減圧(上昇)軌道					加圧(下降)軌道			(上昇-下降)差	
	角度 (θ°)	角度係数	水深 (mm)	水圧 (atm)	内圧 (atm)	距離 x(mm)	容積 (cc)	駆動力 (kg)	内圧 (atm)	距離 x(mm)	容積 (cc)	駆動力 (kg)	容積差 (cc)	駆動力 (kg)
減圧軌道: 上昇直線軌道 加圧軌道: 下降直線軌道	90.0	1.0000	3,594	1.3594	1.0594	58.4	2,504	2.5040	1.6594	-30.8	1,612	1.6120	892	0.8920
	90.0	1.0000	3,848	1.3848	1.0848	52.7	2,447	2.4470	1.6848	-33.2	1,588	1.5880	859	0.8590
	90.0	1.0000	4,102	1.4102	1.1102	47.3	2,393	2.3930	1.7102	-35.5	1,565	1.5650	828	0.8280
	90.0	1.0000	4,356	1.4356	1.1356	42.0	2,340	2.3400	1.7356	-37.8	1,542	1.5420	798	0.7980
	90.0	1.0000	4,610	1.4610	1.1610	37.0	2,290	2.2900	1.7610	-40.0	1,520	1.5200	770	0.7700
	90.0	1.0000	4,864	1.4864	1.1864	32.2	2,242	2.2420	1.7864	-42.1	1,499	1.4990	743	0.7430
	90.0	1.0000	5,118	1.5118	1.2118	27.6	2,196	2.1960	1.8118	-44.2	1,478	1.4780	718	0.7180
	90.0	1.0000	5,372	1.5372	1.2372	23.2	2,152	2.1520	1.8372	-46.2	1,458	1.4580	694	0.6940
	90.0	1.0000	5,626	1.5626	1.2626	19.0	2,110	2.1100	1.8626	-48.2	1,438	1.4380	672	0.6720
減圧軌道: 上昇円直移行軌道上 加圧軌道: 下降直円移行軌道上	89.6	0.9999	5,830	1.5830	1.2830	15.7	2,077	2.0768	1.8830	-49.4	1,426	1.4259	651	0.6509
	88.5	0.9997	5,858	1.5858	1.2854	15.2	2,072	2.0714	1.8857	-49.6	1,424	1.4236	648	0.6478
	86.6	0.9982	5,888	1.5888	1.2893	14.7	2,067	2.0633	1.8883	-49.8	1,422	1.4194	645	0.6438
	83.8	0.9942	5,919	1.5919	1.2936	14.0	2,060	2.0481	1.8901	-49.9	1,421	1.4128	639	0.6353
	80.3	0.9857	5,951	1.5951	1.2993	13.1	2,051	2.0217	1.8909	-50.0	1,420	1.3997	631	0.6220

表３　軌道形態・水圧・角度・距離ｘ・容積・駆動力と減圧・加圧の関係

項目内容／軌道形態	条件				減圧(上昇)軌道				加圧(下降)軌道				(上昇-下降)差	
	角度 (θ°)	角度係数	水深 (mm)	水圧 (atm)	内圧 (atm)	距離 x(mm)	容積 (cc)	駆動力 (kg)	内圧 (atm)	距離 x(mm)	容積 (cc)	駆動力 (kg)	容積差 (cc)	駆動力 (kg)
	76.5	0.9724	5,981	1.5981	1.3064	12.0	2,040	1.9836	1.8899	-50.2	1,418	1.3788	622	0.6048
	72.0	0.9511	6,014	1.6014	1.3161	10.5	2,025	1.9259	1.8867	-50.0	1,420	1.3505	605	0.5754
	67.5	0.9239	6,046	1.6046	1.3275	8.8	2,008	1.8552	1.8818	-49.7	1,423	1.3147	585	0.5405
	63.0	0.8910	6,077	1.6077	1.3404	6.9	1,989	1.7722	1.8750	-49.2	1,428	1.2723	561	0.4999
	58.5	0.8526	6,107	1.6107	1.3549	4.8	1,968	1.6780	1.8665	-48.5	1,435	1.2235	533	0.4545
	54.0	0.8090	6,136	1.6136	1.3708	2.6	1,946	1.5744	1.8563	-47.8	1,442	1.1666	504	0.4077
	49.5	0.7604	6,162	1.6162	1.3881	0.2	1,922	1.4615	1.8444	-46.9	1,451	1.1034	471	0.3582
減圧軌道:	45.0	0.7071	6,188	1.6188	1.4067	-2.3	1,897	1.3414	1.8309	-45.9	1,461	1.0331	436	0.3083
上昇円軌道下	40.5	0.6495	6,211	1.6211	1.4262	-4.9	1,871	1.2151	1.8159	-44.7	1,473	0.9566	398	0.2585
加圧軌道:	36.0	0.5878	6,232	1.6232	1.4468	-7.6	1,844	1.0839	1.7995	-43.4	1,486	0.8735	358	0.2104
下降円軌道下	31.5	0.5225	6,251	1.6251	1.4683	-10.3	1,817	0.9494	1.7818	-42.0	1,500	0.7838	317	0.1656
	27.0	0.4540	6,268	1.6268	1.4906	-13.0	1,790	0.8126	1.7630	-40.4	1,516	0.6882	274	0.1244
	22.5	0.3827	6,282	1.6282	1.5134	-15.7	1,763	0.6747	1.7430	-38.8	1,532	0.5863	231	0.0884
	18.0	0.3090	6,294	1.6294	1.5367	-18.3	1,737	0.5368	1.7221	-36.9	1,551	0.4793	186	0.0575
	13.5	0.2335	6,303	1.6303	1.5603	-21.0	1,710	0,3992	1.7003	-35.0	1,570	0.3665	140	0.0327
	9.0	0.1564	6,310	1.6310	1.5840	-23.6	1,684	0.2634	1.6779	-32.9	1,591	0.2489	93	0.0145
	4.5	0.0785	6,314	1.6314	1.6078	-26.1	1,659	0.1302	1.6549	-30.8	1,612	0.1265	47	0.0037
	0.0	0.0000	6,315	1.6315	1.6315	-28.5	1,635	0.0000	1.6315	-28.5	1,635	0.0000	0	0.0000

表４　軌道形態・水圧・角度・距離 x・容積・駆動力と減圧・加圧の関係

5－3－2　上昇軌道・下降軌道の浮力・位置エネルギー・総位置エネルギー計算
位置エネルギー算出用積分値の計算

上昇直円移行軌道上

深さ⇒A(mm)

角度⇒θ(°)

F:駆動力(kg)

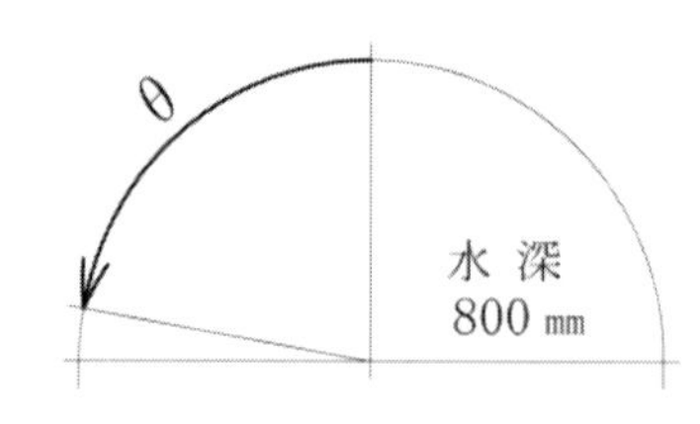

角度係数

変換係数(cc⇒kg)

100cm²×0.1(mm⇒cm)

$$F=0.001\times\cos(90-\theta)\times(10\times(((-(10-2.808\times\cos(90-\theta)+0.001\times A)+\sqrt{((10-2.808\times\cos(90-\theta)+0.001\times A)^{2}-4\times0.001\times\cos(90-\theta)\times(0.192\times A)-576\times\cos(90-\theta)-747.6))}\ )/(0.002\times\cos(90-\theta)))+50)+1420)$$

最少容積器の容積(cc)

水圧面の負の補足量(mm)

上昇円軌道上

角度⇒θ(°)

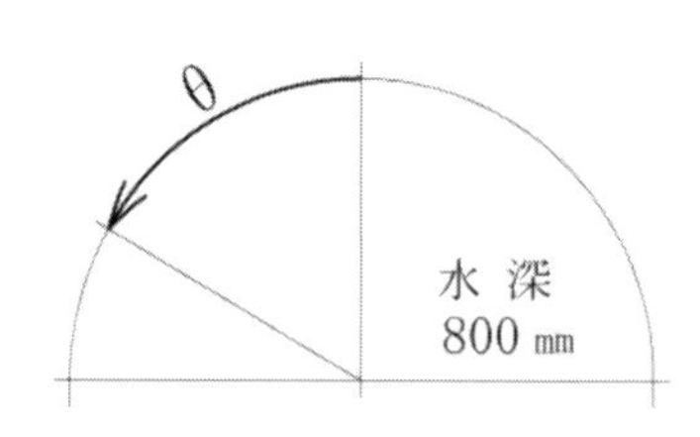

$$F=0.001\times\cos(90-\theta)\times((10\times(((-(10.8-3\times\cos(90-\theta)-0.435\times\cos(\theta)+0.192\times\cos(90-\theta))+\sqrt{((10.8-3\times\cos(90-\theta)-0.435\times\cos(\theta)+0.192\times\cos(90-\theta))^{2}+4\times0.001\times\cos(90-\theta)\times(83.52\times\cos(\theta)+576\times\cos(90-\theta)+594))}\ )/(0.002\times\cos(90-\theta)))+50)+1420)$$

式６　上昇軌道・下降軌道の浮力

下降円軌道上

角度⇒θ(°)

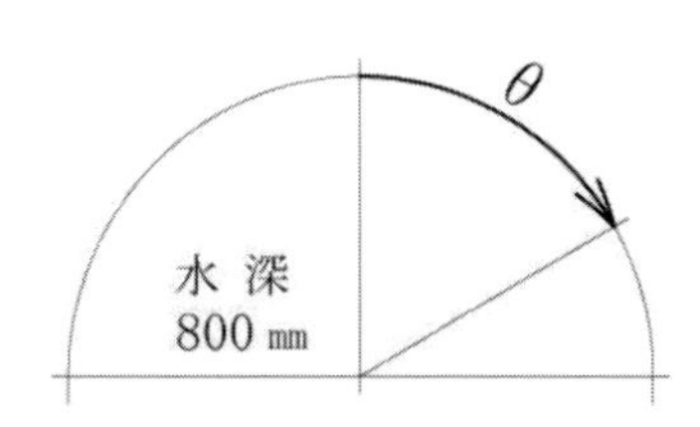

$$F=0.001\times\cos(90-\theta)\times((10\times(((-(10.8+3\times\cos(90-\theta)-0.435\times\cos(\theta)-0.192\times\cos(90-\theta))+\sqrt{((10.8+3\times\cos(90-\theta)-0.435\times\cos(\theta)-0.192\times\cos(90-\theta))^{2}-4\times0.001\times\cos(90-\theta)\times(83.52\times\cos(\theta)-576\times\cos(90-\theta)+594))})/(-0.002\times\cos(90-\theta)))+50)+1420)$$

下降円直移行軌道上

深さ⇒A(mm)

角度⇒θ(°)

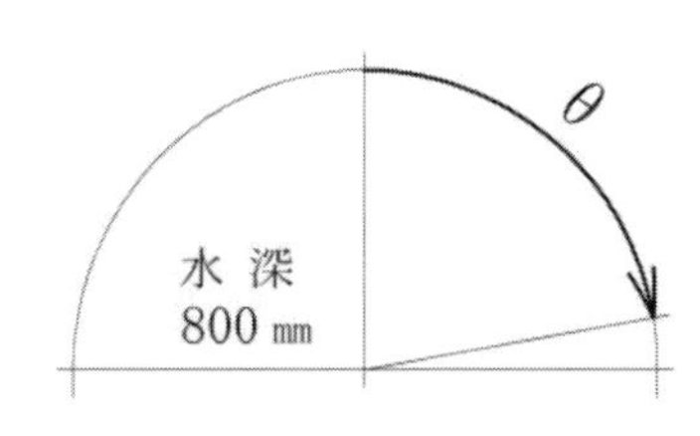

$$F=0.001\times\cos(90-\theta)\times(10\times(((-(10+3.192\times\cos(90-\theta)+0.001\times A)+\sqrt{((10+3.192\times\cos(90-\theta)+0.001\times A)^{2}+4\times0.001\times\cos(90-\theta)\times(0.192\times A+576\times\cos(90-\theta)-747.6))})/(-0.002\times\cos(90-\theta)))+50)+1420)$$

式7　上昇軌道・下降軌道の浮力

下降直円移行軌道下

深さ⇒A(mm)

角度⇒θ(°)

水深
5,880 mm

θ

$$F=0.001\times\cos(90-\theta)\times(10\times(((-(10+3.192\times\cos(90-\theta)+0.001\times A)+\sqrt{((10+3.192\times\cos(90-\theta)+0.001\times A)^{2}+4\times0.001\times\cos(90-\theta)\times(0.192\times A+576\times\cos(90-\theta)-747.6))})/(-0.002\times\cos(90-\theta)))+50)+1420)$$

下降円軌道下

角度⇒θ(°)

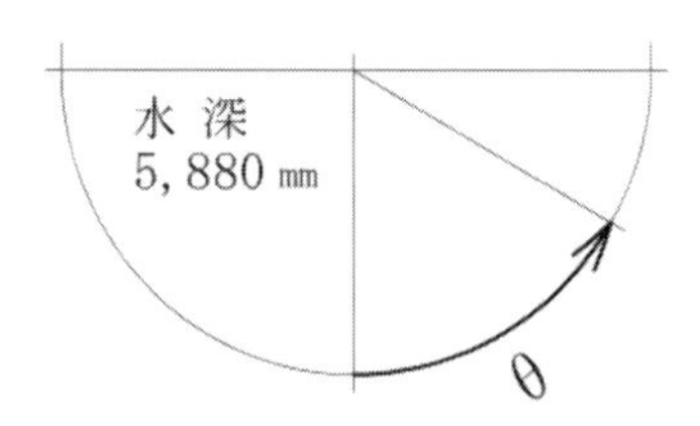

$$F=0.001\times\cos(90-\theta)\times((10\times(((-(15.88+3\times\cos(90-\theta)+0.435\times\cos(\theta)+0.192\times\cos(90-\theta))+\sqrt{((15.88+3\times\cos(90-\theta)+0.435\times\cos(\theta)+0.192\times\cos(90-\theta))^{2}+4\times0.001\times\cos(90-\theta)\times(83.52\times\cos(\theta)+576\times\cos(90-\theta)+381.36))})/(-0.002\times\cos(90-\theta)))+50)+1420)$$

式８　上昇軌道・下降軌道の浮力

上昇円軌道下

角度⇒θ(°)

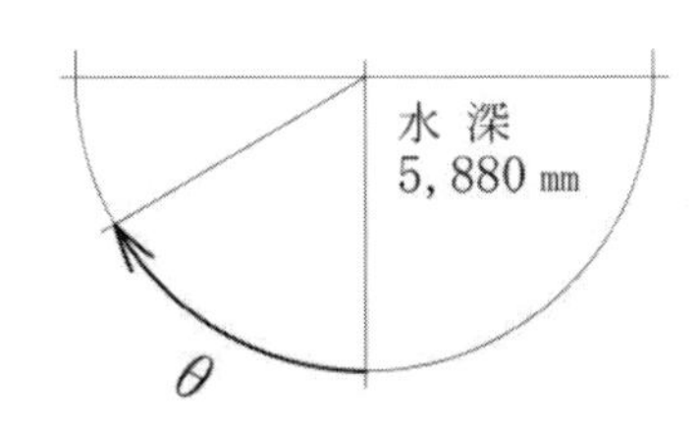

$$F=0.001\times\cos(90-\theta)\times((10\times(((-(15.88-3\times\cos(90-\theta)+0.435\times\cos(\theta)+0.192\times\cos(90-\theta))+\sqrt{((15.88-3\times\cos(90-\theta)+0.435\times\cos(\theta)+0.192\times\cos(90-\theta))^{2}-4\times0.001\times\cos(90-\theta)\times(83.52\times\cos(\theta)-576\times\cos(90-\theta)+381.36))})/(0.002\times\cos(90-\theta)))+50)+1420)$$

上昇円直移行軌道下

深さ⇒A(mm)

角度⇒θ(°)

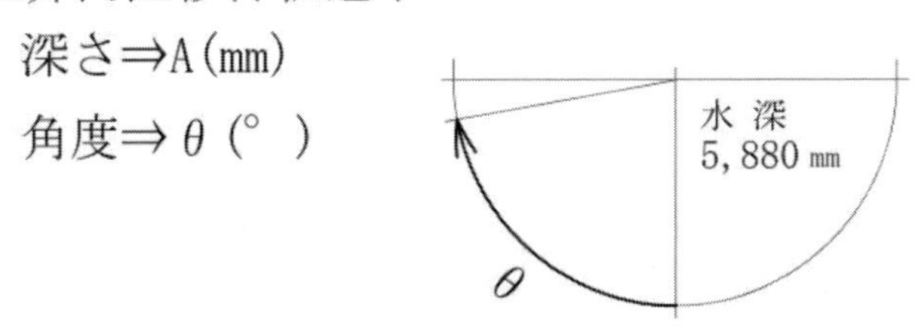

$$F=0.001\times\cos(90-\theta)\times(10\times(((-(10-2.808\times\cos(90-\theta)+0.001\times A)+\sqrt{((10-2.808\times\cos(90-\theta)+0.001\times A)^{2}-4\times0.001\times\cos(90-\theta)\times(0.192\times A)-576\times\cos(90-\theta)-747.6))})/(0.002\times\cos(90-\theta)))+50)+1420)$$

式9　上昇軌道・下降軌道の浮力

５－３－３　上昇・下降の直円・円直移行軌道の積分値を計算

上昇・下降直円移行軌道上（積分範囲・中間）：角度⇒θ（°）、 深さ⇒A(mm)

1、θ（°）/76.31-78.57-80.69、A（mm）/696.7-714.5-732.4

2、θ（°）/80.69-82.65-84.51、A（mm）/732.4-750.2-768.0

3、θ（°）/84.51-86.01-87.36、A（mm）/768.0-785.9-803.7

4、θ（°）/87.36-88.47-89.30、A（mm）/803.7-821.5-839.3

5、θ（°）/89.30-89.82-90.00、A（mm）/839.3-857.2-875.0

上昇・下降直円移行軌道下（積分範囲・中間）：角度⇒θ（°）、 深さ⇒A(mm)

1、θ（°）/90.00-89.82-89.30、A（mm）/5,805.0-5,822.8-5,840.7

2、θ（°）/89.30-88.47-87.36、A（mm）/5,840.7-5,858.5-5,876.3

3、θ（°）/87.36-86.01-84.43、A（mm）/5,876.3-5,894.2-5,912.0

4、θ（°）/84.43-82.65-80.69、A（mm）/5,912.0-5,929.8-5,947.6

5、θ（°）/80.69-78.57-76.31、A（mm）/5,947.6-5,965.5-5,983.3

減圧軌道 上昇直円移行軌道上の浮力(kg)：水深の中間(mm)と角度の中間(θ°)より式３の浮力で算出

加圧軌道 下降円直移行軌道上の浮力（kg）：水深の中間(mm)と角度の中間(θ°)より式３の浮力で算出

減圧軌道 上昇円直移行軌道下の浮力(kg)：水深の中間(mm)と角度の中間(θ°)より式３の浮力で算出

加圧軌道 下降直円移行軌道下の浮力(kg)：水深の中間(mm)と角度の中間(θ°)より式３の浮力で算出

部分積分(kg・mm)：(水深下－水深上)×浮力より算出

積分値(kg・mm)：水深最上～水深最下の部分積分を積算

積分値(kg・mm)：水深最上～水深最下の部分積分を積算

表４の駆動力・位置エネルギー・総位置エネルギーに適用

項目内容 ＼ 軌道形態	角度 （θ°）		水 深 (mm)		減圧(上昇)軌道			加圧(下降)軌道		
	積分範囲	中間	積分範囲	中間	浮力 (kg)	部分積分 (kg・mm)	積分値 (kg・mm)	浮力 (kg)	部分積分 (kg・mm)	積分値 (kg・mm)
減圧軌道：上昇直円移行軌道上 加圧軌道：下降円直移行軌道上	76.31 / 80.69	78.57	696.7/ 732.4	714.5	3.3030	117.785	594.802	1.9144	68.268	343.302
	80.69 / 84.51	82.65	732.4/ 768.0	750.2	3.3411	119.144		1.9272	68.724	
	84.51 / 87.36	86.01	768.0/ 803.7	785.9	3.3529	119.564		1.9311	68.863	
	87.36 / 89.30	88.47	803.7/ 839.3	821.5	3.3478	119.383		1.9294	68.802	
	89.30 / 90.00	89.82	839.3/ 875.0	857.2	3.3350	118.926		1.9250	68.645	
減圧軌道：上昇円直移行軌道下 加圧軌道：下降直円移行軌道下	90.00 / 89.30	89.82	5,805.0/5,840.7	5,822.8	2.0776	74.087	365.686	1.4236	50.766	251.563
	89.30 / 87.36	88.47	5,840.7/5,876.3	5,858.5	2.0712	73.859		1.4205	50.655	
	87.36 / 84.43	86.01	5,876.3/5,912.0	5,894.2	2.0603	73.470		1.4154	50.473	
	84.43 / 80.69	82.65	5,912.0/5,947.6	5,929.8	2.0402	72.754		1.4058	50.131	
	80.69 / 76.31	78.57	5,947.6/5,983.3	5,965.5	2.0055	71.516		1.3892	49.539	

表５　上昇直円・円直、下降円直・直円移行軌道の浮力から部分積分・積分値

５－３－４　上昇・下降の円軌道の積分値を計算

上昇・下降円軌道上１（積分範囲・中間）：角度⇒θ（°）、深さは角度θ（°）より計算⇒A(mm)

1、θ（°）/00.00- 9.15-12.95、A（mm）/365.0-370.5-376.1

2、θ（°）/12.95-15.87-18.35、A（mm）/376.1-381.6-387.1

3、θ（°）/18.35-20.54-22.52、A（mm）/387.1-392.7-398.2

4、θ（°）/22.52-24.35-26.06、A（mm）/398.2-403.7-409.2

5、θ（°）/26.06-27.68-29.21、A（mm）/409.2-414.8-420.3

6、θ（°）/29.21-30.67-32.06、A（mm）/420.3-425.8-431.4

7、θ（°）/32.06-33.41-34.71、A（mm）/431.4-436.9-442.4

8、θ（°）/34.71-35.97-37.19、A（mm）/442.4-448.0-453.5

9、θ（°）/37.19-38.38-39.54、A（mm）/453.5-459.0-464.5

10、θ（°）/39.54-40.67-41.78、A（mm）/464.5-470.1-475.6

上昇・下降円軌道上２（積分範囲・中間）：角度⇒θ（°）、深さは角度θ（°）より計算⇒A(mm)

1、θ（°）/41.78-42.86-43.92、A（mm）/475.6-481.1-486.7

2、θ（°）/43.92-44.96-45.98、A（mm）/486.7-492.2-497.7

3、θ（°）/45.98-46.99-47.97、A（mm）/497.7-503.3-508.8

4、θ（°）/47.97-48.95-49.91、A（mm）/508.8-514.3-519.8

5、θ（°）/49.91-50.85-51.78、A（mm）/519.8-525.4-530.9

6、θ（°）/51.78-52.71-53.62、A（mm）/530.9-536.5-542.0

7、θ（°）/53.62-54.52-55.41、A（mm）/542.0-547.5-553.0

8、θ（°）/55.41-56.29-57.16、A（mm）/553.0-558.6-564.1

9、θ（°）/57.16-58.02-58.87、A（mm）/564.1-569.6-575.1

10、θ（°）/58.87-59.72-60.56、A（mm）/575.1-580.7-586.2

上昇・下降円軌道上３（積分範囲・中間）：角度⇒θ（°）、深さは角度θ（°）より計算⇒A(mm)

1、θ（°）/60.56-61.39-62.22、A（mm）/586.2-591.7-597.3

2、θ（°）/62.22-63.04-63.85、A（mm）/597.3-602.8-608.3

3、θ（°）/63.85-64.66-65.46、A（mm）/608.3-613.8-619.4

4、θ（°）/65.46-66.26-67.05、A（mm）/619.4-624.9-630.4

5、θ（°）/67.05-67.85-68.62、A（mm）/630.4-635.9-641.5

6、θ（°）/68.62-69.40-70.18、A（mm）/641.5-647.0-652.5
7、θ（°）/70.18-70.95-71.72、A（mm）/652.5-658.0-663.6
8、θ（°）/71.72-72.48-73.25、A（mm）/663.6-669.1-674.6
9、θ（°）/73.25-74.00-74.76、A（mm）/674.6-680.1-685.7
10、θ（°）/74.76-75.51-76.26、A（mm）/685.7-691.2-696.7

上昇・下降円軌道下１（積分範囲・中間）：角度⇒θ（°）、深さは角度θ（°）より計算⇒A(mm)

1、θ（°）/76.26-75.51-74.76、A（mm）/5,983.3-5,988.8-5,994.4
2、θ（°）/74.76-74.00-73.24、A（mm）/5,994.4-5,999.9-6,005.4
3、θ（°）/73.24-72.48-71.75、A（mm）/6,005.4-6,011.0-6,016.5
4、θ（°）/71.75-70.95-70.17、A（mm）/6,016.5-6,022.0-6,027.5
5、θ（°）/70.17-69.40-68.62、A（mm）/6,027.5-6,033.1-6,038.6
6、θ（°）/68.62-67.83-67.04、A（mm）/6,038.6-6,044.1-6,049.7
7、θ（°）/67.04-66.25-65.45、A（mm）/6,049.7-6,055.2-6,060.7
8、θ（°）/65.45-64.65-63.84、A（mm）/6,060.7-6,066.3-6,071.8
9、θ（°）/63.84-63.03-62.21、A（mm）/6,071.8-6,077.3-6,082.8
10、θ（°）/62.21-61.38-60.55、A（mm）/6,082.8-6,088.4-6,093.9

上昇・下降円軌道下２）（積分範囲・中間）：角度⇒θ（°）、深さは角度θ（°）より計算⇒A(mm)

1、θ（°）/60.55-59.71-58.86、A（mm）/6,093.9-6,099.4-6,105.0
2、θ（°）/58.86-58.00-57.14、A（mm）/6,105.0-6,110.5-6,116.0
3、θ（°）/57.14-56.27-55.39、A（mm）/6,116.0-6,121.6-6,127.1
4、θ（°）/55.39-54.50-53.60、A（mm）/6,127.1-6,132.6-6,138.1
5、θ（°）/53.60-52.69-51.77、A（mm）/6,138.1-6,143.7-6,149.2
6、θ（°）/51.77-50.83-49.89、A（mm）/6,149.2-6,154.7-6,160.3
7、θ（°）/49.89-48.89-47.96、A（mm）/6,160.3-6,165.8-6,171.3
8、θ（°）/47.96-46.97-45.96、A（mm）/6,171.3-6,176.9-6,182.4
9、θ（°）/45.96-44.94-43.90、A（mm）/6,182.4-6,187.9-6,193.4
10、θ（°）/43.90-42.84-41.76、A（mm）/6,193.4-6,199.0-6,204.5

上昇・下降円軌道下３（積分範囲・中間）：角度⇒θ(°）、深さは角度θ(°）より計算⇒A(mm)

1、θ(°）/41.76-40.65-39.52、A（mm）/6,204.5-6,210.0-6,215.6
2、θ(°）/39.52-38.36-37.18、A（mm）/6,215.6-6,221.1-6,226.6
3、θ(°）/37.18-35.95-34.70、A（mm）/6,226.6-6,232.1-6,237.7
4、θ(°）/34.70-33.40-32.05、A（mm）/6,237.7-6,243.2-6,248.7
5、θ(°）/32.05-30.66-29.19、A（mm）/6,248.7-6,254.2-6,259.8
6、θ(°）/29.19-27.66-26.05、A（mm）/6,259.8-6,265.3-6,270.8
7、θ(°）/26.05-24.34-22.51、A（mm）/6,270.8-6,276.3-6,281.9
8、θ(°）/22.51-20.43-18.34、A（mm）/6,281.9-6,287.4-6,292.9
9、θ(°）/18.34-15.87-12.94、A（mm）/6,292.9-6,298.4-6,304.0
10、θ(°）/12.94- 9.14- 0.00、A（mm）/6,304.0-6,309.5-6,315.0

減圧軌道　上昇円軌道上（１～３）の浮力(kg)：角度の中間（θ°）より式３の積分用浮力で算出
加圧軌道　下降円軌道上（１～３）の浮力(kg)：角度の中間（θ°）より式３の積分用浮力で算出
減圧軌道　上昇円軌道下（１～３）の浮力(kg)：角度の中間（θ°）より式３の積分用浮力で算出
加圧軌道　下降円軌道下（１～３）の浮力(kg)：角度の中間（θ°）より式３の積分用浮力で算出
部分積分(kg・mm)：(水深下－水深上)×浮力より算出
積分値(kg・mm)：各（１～３）の水深最上～水深最下の部分積分を積算
表４の駆動力・位置エネルギー・総位置エネルギーに適用

項目内容／軌道形態	角度（θ°）		水深（mm）		減圧（上昇）軌道			加圧（下降）軌道		
	積分範囲	中間	積分範囲	中間	浮力 (kg)	部分積分 (kg・mm)	積分値 (kg・mm)	浮力 (kg)	部分積分 (kg・mm)	積分値 (kg・mm)
	0.00 / 12.95	9.15	365.0／ 376.1	370.5	0.4282	4.7359		0.3914	4.3289	
	12.95 / 18.35	15.87	376.1／ 387.1	381.6	0.7611	8.4178		0.6519	7.2100	
	18.35 / 22.52	20.54	387.1／ 398.2	392.7	0.9986	11.0445		0.8188	9.0559	
減圧軌道：	22.52 / 26.06	24.35	398.2／ 409.2	403.7	1.1946	13.2123		0.9461	10.4639	113.3307
上昇円軌道上（1）	26.06 / 29.21	27.68	409.2／ 420.3	414.8	1.3665	15.1135	151.0155	1.0508	11.6218	
加圧軌道：	29.21 / 32.06	30.67	420.3／ 431.4	425.8	1.5204	16.8156		1.1396	12.6040	
下降円軌道上（1）	32.06 / 34.71	33.41	431.4／ 442.4	436.9	1.6606	18.3662		1.2167	13.4567	
	34.71 / 37.19	35.97	442.4／ 453.5	448.0	1.7902	19.7996		1.2849	14.2110	
	37.19 / 39.54	38.38	453.5／ 464.5	459.0	1.9107	21.1323		1.3459	14.8857	
	39.54 / 41.78	40.67	464.5／ 475.6	470.1	2.0233	22.3777		1.4008	15.4928	

表6　上昇円軌道、下降円軌道の浮力から部分積分・積分値

項目内容 軌道形態	角度 (θ°)		水深 (mm)		減圧(上昇)軌道			加圧(下降)軌道		
	積分範囲	中間	積分範囲	中間	浮力 (kg)	部分積分 (kg・mm)	積分値 (kg・mm)	浮力 (kg)	部分積分 (kg・mm)	積分値 (kg・mm)
	41.78 / 43.92	42.86	475.6/ 486.7	481.1	2.1290	23.5467		1.4508	16.0458	
	43.92 / 45.98	44.96	486.7/ 497.7	492.2	2.2282	24.6439		1.4962	16.5480	
	45.98 / 47.97	46.99	497.7/ 508.8	503.3	2.3218	25.6791		1.5379	17.0092	
減圧軌道:	47.97 / 49.91	48.95	508.8/ 519.8	514.3	2.4098	26.6524		1.5761	17.4317	
上昇円軌道上(2)	49.91 / 51.78	50.85	519.8/ 530.9	525.4	2.4927	27.5693		1.6112	17.8199	
加圧軌道:	51.78 / 53.62	52.71	530.9/ 542.0	536.4	2.5712	28.4375		1.6437	18.1793	178.8137
下降円軌道上(2)	53.62 / 55.41	54.52	542.0/ 553.0	547.5	2.6450	29.2537	277.9721	1.6736	18.5100	
	55.41 / 57.16	56.29	553.0/ 564.1	558.6	2.7145	30.0224		1.7012	18.8153	
	57.16 / 58.87	58.02	564.1/ 575.1	569.6	2.7798	30.7446		1.7267	19.0973	
	58.87 / 60.56	59.72	575.1/ 586.2	580.7	2.8411	31.4226		1.7502	19.3572	

表7　上昇円軌道、下降円軌道の浮力から部分積分・積分値

項目内容 / 軌道形態	角度 （θ°）		水 深 (mm)		減圧(上昇)軌道			加圧(下降)軌道		
	積分範囲	中間	積分範囲	中間	浮力 (kg)	部分積分 (kg・mm)	積分値 (kg・mm)	浮力 (kg)	部分積分 (kg・mm)	積分値 (kg・mm)
	60. 56 / 62. 22	61. 39	586. 2/ 597. 3	591. 7	2. 8986	32. 0295		1. 7719	19. 5795	
	62. 22 / 63. 85	63. 04	597. 3/ 608. 3	602. 8	2. 9526	32. 6262		1. 7920	19. 8016	
	63. 85 / 65. 46	64. 66	608. 3/ 619. 4	613. 8	3. 0027	33. 1798		1. 8103	20. 0038	
減圧軌道:	65. 46 / 67. 05	66. 26	619. 4/ 630. 4	624. 9	3. 0493	33. 6948		1. 8272	20. 1906	
上昇円軌道上（3）	67. 05 / 68. 62	67. 85	630. 4/ 641. 5	635. 9	3. 0927	34. 1743	342. 4218	1. 8427	20. 3618	203. 7885
加圧軌道:	68. 62 / 70. 18	69. 40	641. 5/ 652. 5	647. 0	3. 1322	34. 6108		1. 8566	20. 5154	
下降円軌道上（3）	70. 18 / 71. 72	70. 95	652. 5/ 663. 6	658. 0	3. 1686	35. 0130		1. 8694	20. 6569	
	71. 72 / 73. 25	72. 48	663. 6/ 674. 6	669. 1	3. 2017	35. 3788		1. 8809	20. 7839	
	73. 25 / 74. 76	74. 00	674. 6/ 685. 7	680. 1	3. 2316	35. 7092		1. 8911	20. 8967	
	74. 76 / 76. 26	75. 51	685. 7/ 696. 7	691. 2	3. 2584	36. 0053		1. 9003	20. 9983	

表８　上昇円軌道、下降円軌道の浮力から部分積分・積分値

項目内容 / 軌道形態	角度 (θ°)		水 深 (mm)		減圧(上昇)軌道			加圧(下降)軌道		
	積分範囲	中間	積分範囲	中間	浮力 (kg)	部分積分 (kg・mm)	積分値 (kg・mm)	浮力 (kg)	部分積分 (kg・mm)	積分値 (kg・mm)
	76. 26 / 74. 76	75. 51	5, 983. 3/5, 994. 4	5, 988. 8	1. 9722	21. 8125		1. 3730	15. 1854	
	74. 76 / 73. 24	74. 00	5, 994. 4/6, 005. 4	5, 999. 9	1. 9534	21. 6046		1. 3639	15. 0847	
	73. 24 / 71. 75	72. 48	6, 005. 4/6, 016. 5	6, 011. 0	1. 9330	21. 3790		1. 3538	14. 9730	
減圧軌道:	71. 75 / 70. 17	70. 95	6, 016. 5/6, 027. 5	6, 022. 0	1. 9108	21. 1334		1. 3428	14. 8514	
上昇円軌道下(1)	70. 17 / 68. 62	69. 40	6, 027. 5/6, 038. 6	6, 033. 1	1. 8869	20. 8691	206. 4681	1. 3309	14. 7198	146. 0340
加圧軌道:	68. 62 / 67. 04	67. 83	6, 038. 6/6, 049. 7	6, 044. 1	1. 8610	20. 5827		1. 3179	14. 5760	
下降円軌道下(1)	67. 04 / 65. 45	66. 25	6, 049. 7/6, 060. 7	6, 055. 2	1. 8335	20. 2785		1. 3040	14. 4222	
	65. 45 / 63. 84	64. 65	6, 060. 7/6, 071. 8	6, 066. 3	1. 8042	19. 9545		1. 2890	14. 2563	
	63. 84 / 62. 21	63. 03	6, 071. 8/6, 082. 8	6, 077. 3	1. 7730	19. 6094		1. 2729	14. 0783	
	62. 21 / 60. 55	61. 38	6, 082. 8/6, 093. 9	6, 088. 4	1. 7400	19. 2444		1. 2556	13. 8869	

表９　上昇円軌道、下降円軌道の浮力から部分積分・積分値

項目内容 / 軌道形態	角度　（θ°）		水 深　(mm)		減圧(上昇)軌道			加圧(下降)軌道		
	積分範囲	中間	積分範囲	中間	浮力 (kg)	部分積分 (kg・mm)	積分値 (kg・mm)	浮力 (kg)	部分積分 (kg・mm)	積分値 (kg・mm)
	60. 55 / 58. 86	59. 71	6, 093. 9/6, 105. 0	6, 099. 4	1. 7045	18. 8518		1. 2371	13. 6823	
	58. 86 / 57. 14	58. 00	6, 105. 0/6, 116. 0	6, 110. 5	1. 6671	18. 4381		1. 2172	13. 4622	
	57. 14 / 55. 39	56. 27	6, 116. 0/6, 127. 1	6, 121. 6	1. 6277	18. 0024		1. 1960	13. 2278	
減圧軌道：	55. 39 / 53. 60	54. 50	6, 127. 1/6, 138. 1	6, 132. 6	1. 5861	17. 5423		1. 1733	12. 9767	
上昇円軌道下（２）	53. 60 / 51. 77	52. 69	6, 138. 1/6, 149. 2	6, 143. 7	1. 5421	17. 0556	166. 8257	1. 1489	12. 7068	124. 7966
加圧軌道：	51. 77 / 49. 89	50. 83	6, 149. 2/6, 160. 3	6, 154. 7	1. 4954	16. 5391		1. 1227	12. 4171	
下降円軌道下（２）	49. 89 / 47. 96	48. 89	6, 160. 3/6, 171. 3	6, 165. 8	1. 4454	15. 9861		1. 0942	12. 1019	
	47. 96 / 45. 96	46. 97	6, 171. 3/6, 182. 4	6, 176. 9	1. 3946	15. 4243		1. 0647	11. 7756	
	45. 96 / 43. 90	44. 94	6, 182. 4/6, 193. 4	6, 187. 9	1. 3395	14. 8149		1. 0323	11. 4172	
	43. 90 / 41. 76	42. 84	6, 193. 4/6, 204. 5	6, 199. 0	1. 2813	14. 1712		0. 9972	11. 0290	

表１０　上昇円軌道、下降円軌道の浮力から部分積分・積分値

軌道形態 ＼ 項目内容	角度 （θ°）		水 深 (mm)		減圧(上昇)軌道			加圧(下降)軌道		
	積分範囲	中間	積分範囲	中間	浮力 (kg)	部分積分 (kg・mm)	積分値 (kg・mm)	浮力 (kg)	部分積分 (kg・mm)	積分値 (kg・mm)
	41. 76 / 39. 52	40. 65	6, 204. 5/6, 215. 6	6, 210. 0	1. 2193	13. 4733		0. 9517	10. 5163	
	39. 52 / 37. 18	38. 36	6, 215. 6/6, 226. 6	6, 221. 1	1. 1532	12. 7429		0. 9177	10. 1406	
	37. 18 / 34. 70	35. 95	6, 226. 6/6, 237. 7	6, 232. 1	1. 0826	11. 9627		0. 8723	9. 6389	
減圧軌道:	34. 70 / 32. 05	33. 40	6, 237. 7/6, 248. 7	6, 243. 2	1. 0067	11. 1240		0. 8223	9. 0864	
上昇円軌道下(３)	32. 05 / 29. 19	30. 66	6, 248. 7/6, 259. 8	6, 254. 2	0. 9242	10. 2124	91. 7227	0. 7663	8. 4676	76. 0052
加圧軌道:	29. 19 / 26. 05	27. 66	6, 259. 8/6, 270. 8	6, 265. 3	0. 8330	9. 2047		0. 7025	7. 7626	
下降円軌道下(３)	26. 05 / 22. 51	24. 34	6, 270. 8/6, 281. 9	6, 276. 3	0. 7313	8. 0809		0. 6287	6. 9471	
	22. 51 / 18. 34	20. 43	6, 281. 9/6, 292. 9	6, 287. 4	0. 6112	6. 7538		0. 5378	5. 9427	
	18. 34 / 12. 94	15. 87	6, 292. 9/6, 304. 0	6, 298. 4	0. 4715	5. 2101		0. 4265	4. 7128	
	12. 94 / 0. 00	9. 14	6, 304. 0/6, 315. 0	6, 309. 5	0. 2677	2. 9581		0. 2525	2. 7901	

表１１　上昇円軌道、下降円軌道の浮力から部分積分・積分値

５－３－５　上昇・下降直線軌道の積分値を計算

上昇・下降直線軌道（積分範囲・中間）：深さ⇒A(mm)

1、A（mm）/875.0-964.5-1,054.0
2、A（mm）/1,054.0-1,181.0-1,308.0
3、A（mm）/1,308.0-1,435.0-1,562.0
4、A（mm）/1,562.0-1,689.0-1,816.0
5、A（mm）/1,816.0-1,943.0-2,070.0
6、A（mm）/2,070.0-2,197.0-2,324.0
7、A（mm）/2,324.0-2,451.0-2,578.0
8、A（mm）/2,578.0-2,705.0-2,832.0
9、A（mm）/2,832.0-2,959.0-3,086.0
10、A（mm）/3,086.0-3,213.0-3,340.0
11、A（mm）/3,340.0-3,467.0-3,594.0
12、A（mm）/3,594.0-3,721.0-3,848.0
13、A（mm）/3,848.0-3,975.0-4,102.0
14、A（mm）/4,102.0-4,229.0-4,356.0
15、A（mm）/4,356.0-4,483.0-4,610.0
16、A（mm）/4,610.0-4,737.0-4,864.0
17、A（mm）/4,864.0-4,991.0-5,118.0
18、A（mm）/5,118.0-5,245.0-5,372.0
19、A（mm）/5,372.0-5,499.0-5,626.0
20、A（mm）/5,626.0-5,715.5-5,805.0

上昇直線軌道

積分開始深さ⇒A_0(mm)

積分終了深さ⇒A_1(mm)

S:駆動力(kg)の積分値

変換係数(cc⇒kg)　水圧を受ける面積(100cm²)×0.1(mm⇒cm)

$$S=\int_{A_0}^{A_1} 0.001\times(10\times(((-(7.192+0.001A)+\sqrt{((7.192+0.001A)^2-4\times0.001\times(0.192\times A-1323.6))})/0.002)+50)+1420)$$

水圧面の負の補足量(mm)

最少容積器の容積(cc)

下降直線軌道

積分開始深さ⇒A (mm)

積分終了深さ⇒A (mm)

S:駆動力(kg)の積分値

$$S=\int_{A_0}^{A_1} 0.001\times(10\times(((-(13.192+0.001A)+\sqrt{((13.192+0.001A)^2+4\times0.001\times(0.192\times A-171.6))})/(-0.002))+50)+1420)$$

式１０　上昇直線軌道・下降直線軌道の積分値の計算

減圧(上昇)軌道エネルギー：減圧(上昇)軌道の浮力と浮力が働く水深(中間)より位置エネルギー(kg・m)、総位置エネルギー(kg・m)を算出

加圧(下降)軌道エネルギー：加圧(下降)軌道の浮力と浮力が働く水深(中間)より位置エネルギー(kg・m)、総位置エネルギー(kg・m)を算出

実生成エネルギー：減圧(上昇)軌道－加減(下降)軌道の浮力と浮力が働く水深(中間)より位置エネルギー(kg・m)、総位置エネルギー(kg・m)を算出

項目内容 ＼ 軌道形態	条件			減圧（上昇）軌道			加圧（下降）軌道				減圧（上昇）軌道-加圧（下降）軌道			
	角度 (θ°)	水深 (mm)	積分値 (kg・mm)	駆動力 (kg)	位置エネ (kg・m)	総位置エネ (kg・m)	積分値 (kg・mm)	駆動力 (kg)	位置エネ (kg・m)	総位置エネ (kg・m)	積分値 (kg・mm)	駆動力 (kg)	位置エネ (kg・m)	総位置エネ (kg・m)
	0. 0	365. 0												
減圧軌道：	29. 3	420. 3	151. 016	1. 3654	0. 0755	0. 0755	113. 331	1. 0247	0. 0567	0. 0567	37. 685	0. 3407	0. 0188	0. 0188
上昇円軌道上	41. 8	475. 6												
加圧軌道：	51. 8	530. 9	277. 972	2, 5133	0. 4170	0. 4925	178. 814	1. 6168	0. 2682	0. 3249	99. 158	0. 8965	0. 1487	0. 1676
下降円軌道上	60. 6	586. 2												
	68. 6	641. 5	342. 422	3. 0988	0. 8567	1. 3491	203. 789	1. 8442	0. 5098	0. 8347	138. 633	1. 2546	0. 3468	0. 5144
減圧軌道：	76. 3	696. 7												
上昇直円移行軌道上 加圧軌道：	86. 6	785. 9	594. 802	3. 3360	1. 4039	2. 7531	343. 302	1. 9254	0. 8103	1. 6450	251. 500	1. 4105	0. 5936	1. 1080
下降円直移行軌道上	90. 0	875. 0												
	90. 0	964. 5	589. 400	3. 2927	1. 9740	4. 7271	341. 967	1. 9104	1. 1453	2. 7903	247. 433	1. 3823	0. 8287	1. 9267
減圧軌道：	90. 0	1, 054. 0												
上昇直線軌道	90. 0	1, 181. 0	815. 423	3. 2103	2. 6196	7. 3467	477. 949	1. 8817	1. 5355	4. 3258	337. 474	1. 3286	1. 0842	3. 0209
加圧軌道：	90. 0	1, 308. 0												
下降直線軌道	90. 0	1, 435. 0	792. 085	3. 1184	3. 3367	10. 6834	469. 655	1. 8490	1. 9785	6. 3043	322. 430	1. 2694	1. 3583	4. 3792

表１２　上昇軌道、下降軌道の積分値から浮力・位置エネルギー・総位置エネルギー

項目内容／軌道形態	条件			減圧（上昇）軌道				加圧（下降）軌道				減圧（上昇）軌道-加圧（下降）軌道			
	角度 (θ°)	水深 (mm)	積分値 (kg・mm)	駆動力 (kg)	位置エネ (kg・m)	総位置エネ (kg・m)	積分値 (kg・mm)	駆動力 (kg)	位置エネ (kg・m)	総位置エネ (kg・m)	積分値 (kg・mm)	駆動力 (kg)	位置エネ (kg・m)	総位置エネ (kg・m)
減圧軌道：上昇直線軌道 加圧軌道：下降直線軌道	90.0	1,562.0												
	90.0	1,689.0	770.003	3.0315	4.0137	14.6972	461.647	1.8175	2.4064	8.7107	308.356	1.2140	1.6073	5.9865
	90.0	1,816.0												
	90.0	1,943.0	749.081	2.9491	4.6537	19.3509	453.911	1.7871	2.8200	11.5306	295.170	1.1621	1.8338	7.8203
	90.0	2,070.0												
	90.0	2,197.0	729.233	2.8710	5.2597	24.6106	446.434	1.7576	3.2200	14.7506	282.799	1.1134	2.0397	9.8600
	90.0	2,324.0												
	90.0	2,451.0	710.380	2.7968	5.8341	30.4446	439.201	1.7291	3.6070	18.3576	271.179	1.0676	2.2271	12.0708
	90.0	2,578.0												
	90.0	2,705.0	692.451	2.7262	6.3793	36.8239	432.201	1.7016	3.9817	22.3392	260.250	1.0246	2.3976	14.4847
	90.0	2,832.0												
	90.0	2,959.0	675.383	2.6590	6.8974	43.7213	425.423	1.6749	4.3447	26.6839	249.960	0.9841	2.5527	17.0374
	90.0	3,086.0												
	90.0	3,213.0	659.115	2.5949	7.3904	51.1117	418.857	1.6490	4.6965	31.3804	240.258	0.9459	2.6939	19.7313

表１３　上昇軌道、下降軌道の積分値から浮力・位置エネルギー・総位置エネルギー

項目内容 / 軌道形態	条件		減圧（上昇）軌道				加圧（下降）軌道				減圧（上昇）軌道-加圧（下降）軌道			
	角度 (θ°)	水深 (mm)	積分値 (kg・mm)	駆動力 (kg)	位置エネ (kg・m)	総位置エネ (kg・m)	積分値 (kg・mm)	駆動力 (kg)	位置エネ (kg・m)	総位置エネ (kg・m)	積分値 (kg・mm)	駆動力 (kg)	位置エネ (kg・m)	総位置エネ (kg・m)
減圧軌道：上昇直線軌道 加圧軌道：下降直線軌道	90.0	3,340.0												
	90.0	3,467.0	643.595	2.5338	7.8600	58.9717	412.492	1.6240	5.0376	36.4180	231.103	0.9099	2.8224	22.5537
	90.0	3,594.0												
	90.0	3,721.0	628.773	2.4755	8.3077	67.2794	406.319	1.5997	5.3685	41.7865	222.454	0.8758	2.9392	25.4929
	90.0	3,848.0												
	90.0	3,975.0	614.604	2.4197	8.7351	76.0145	400.330	1.5761	5.6897	47.4763	214.274	0.8436	3.0454	28.5383
	90.0	4,102.0												
	90.0	4,229.0	601.047	2.3663	9.1435	85.1580	394.517	1.5532	6.0016	53.4779	206.530	0.8131	3.1419	31.6801
	90.0	4,356.0												
	90.0	4,483.0	588.063	2.3152	9.5340	94.6920	388.871	1.5310	6.3046	59.7825	199.192	0.7842	3.2294	34.9096
	90.0	4,610.0												
	90.0	4,737.0	575.618	2.2662	9.9079	104.5999	383.386	1.5094	6.5991	66.3816	192.232	0.7568	3.3088	38.2184
	90.0	4,864.0												
	90.0	4,991.0	563.680	2.2192	10.2661	114.8660	378.055	1.4884	6.8854	73.2669	185.625	0.7308	3.3807	41.5991
	90.0	5,118.0												

表１４　上昇軌道、下降軌道の積分値から浮力・位置エネルギー・総位置エネルギー

項目内容 / 軌道形態	条件		減圧(上昇)軌道				加圧(下降)軌道				減圧(上昇)軌道-加圧(下降)軌道			
	角度 (θ°)	水深 (mm)	積分値 (kg・mm)	駆動力 (kg)	位置エネ (kg・m)	総位置エネ (kg・m)	積分値 (kg・mm)	駆動力 (kg)	位置エネ (kg・m)	総位置エネ (kg・m)	積分値 (kg・mm)	駆動力 (kg)	位置エネ (kg・m)	総位置エネ (kg・m)
減圧軌道：	90. 0	5, 245. 0	552. 218	2. 1741	10. 6095	125. 4755	372. 872	1. 4680	7. 1638	80. 4308	179. 346	0. 7061	3. 4457	45. 0448
上昇直線軌道	90. 0	5, 372. 0												
加圧軌道：	90. 0	5, 499. 0	541. 205	2. 1307	10. 9392	136. 4147	367. 829	1. 4481	7. 4348	87. 8655	173. 376	0. 6826	3. 5044	48. 5492
下降直線軌道	90. 0	5, 626. 0												
	90. 0	5, 715. 5	375. 016	2. 0951	11. 2096	147. 6243	256. 263	1. 4316	7. 6600	95. 5255	118. 753	0. 6634	3. 5407	52. 0988
減圧軌道：	90. 0	5, 805. 0												
上昇円直移行軌道下 加圧軌道：	86. 6	5, 894. 2	365. 686	2. 0510	11. 3401	158. 9644	251. 563	1. 4109	7. 8011	103. 3266	114. 390	0. 6416	3. 5473	55. 6461
下降直円移行軌道下	76. 3	5, 983. 3												
	68. 6	6, 038. 6	206. 468	1. 8668	10. 5915	169. 5559	146. 034	1. 3204	7. 4913	110. 8179	60. 434	0. 5464	3. 1002	58. 7463
減圧軌道：	60. 6	6, 093. 9												
上昇円軌道下	51. 8	6, 149. 2	166. 826	1. 5084	8. 7247	178. 2806	124. 797	1. 1284	6. 5267	117. 3446	42. 029	0. 3800	2. 1981	60. 9443
加圧軌道：	41. 8	6, 204. 5												
下降円軌道下	29. 3	6, 259. 8	91. 723	0. 8301	4. 8931	183. 1737	76. 005	0. 6878	4. 0546	121. 3991	15. 718	0. 1422	0. 8385	61. 7828
	0. 0	6, 315. 0												

表１５　上昇軌道、下降軌道の積分値から浮力・位置エネルギー・総位置エネルギー

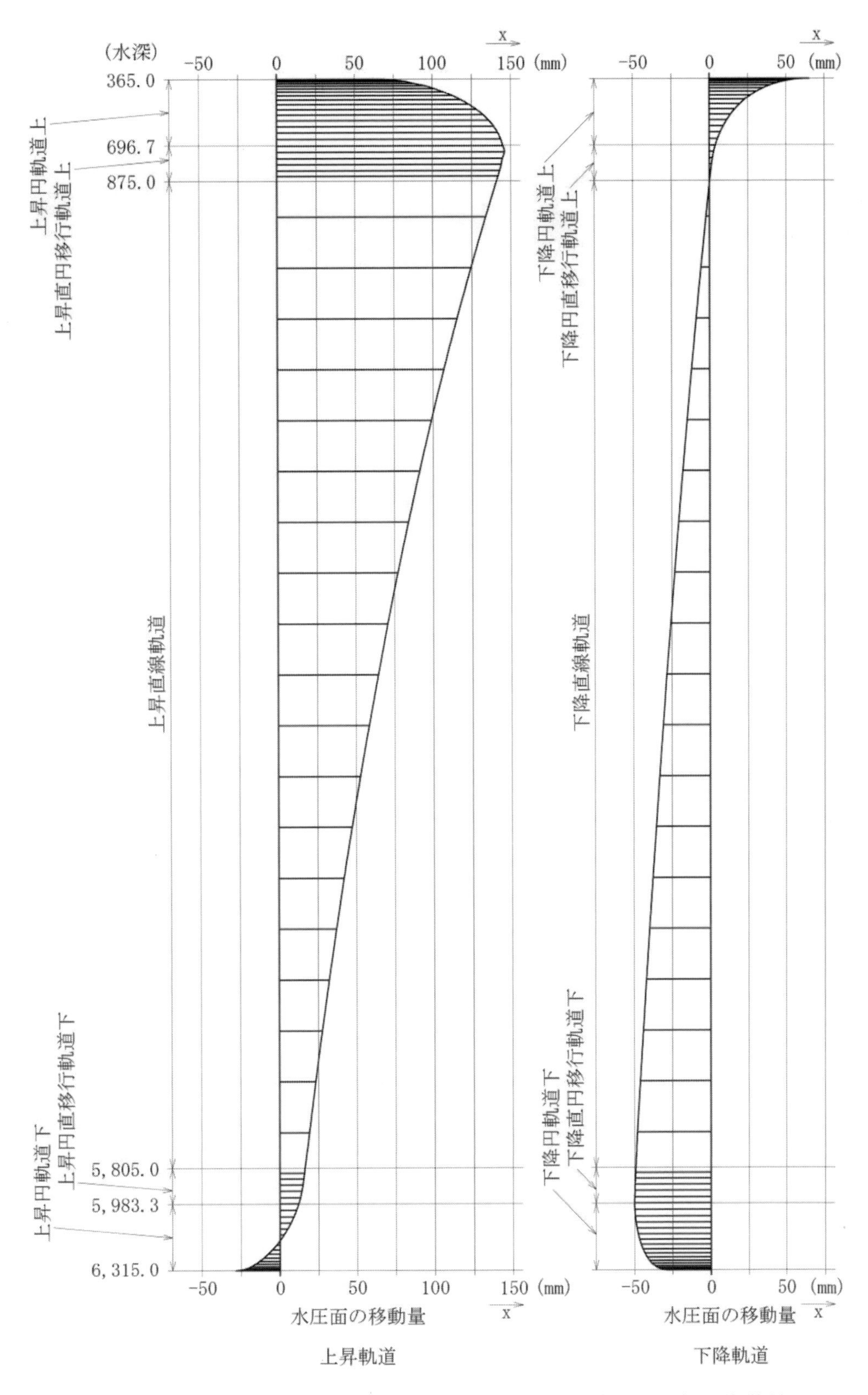

グラフ１　ローラＢの中心と重りの先端(水圧を受ける面)の移動量

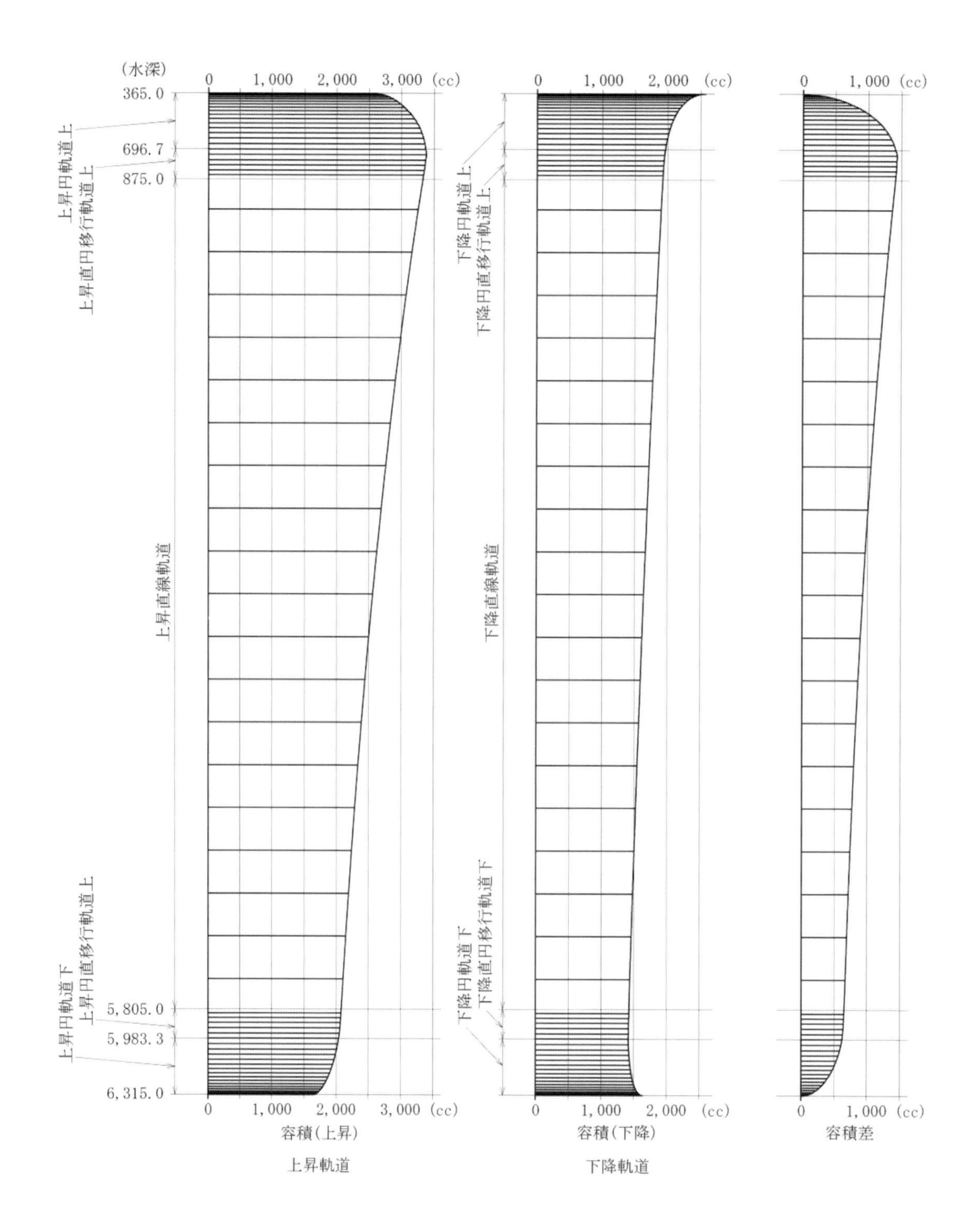

グラフ2　容積(上昇)、容積(下降)と容積差

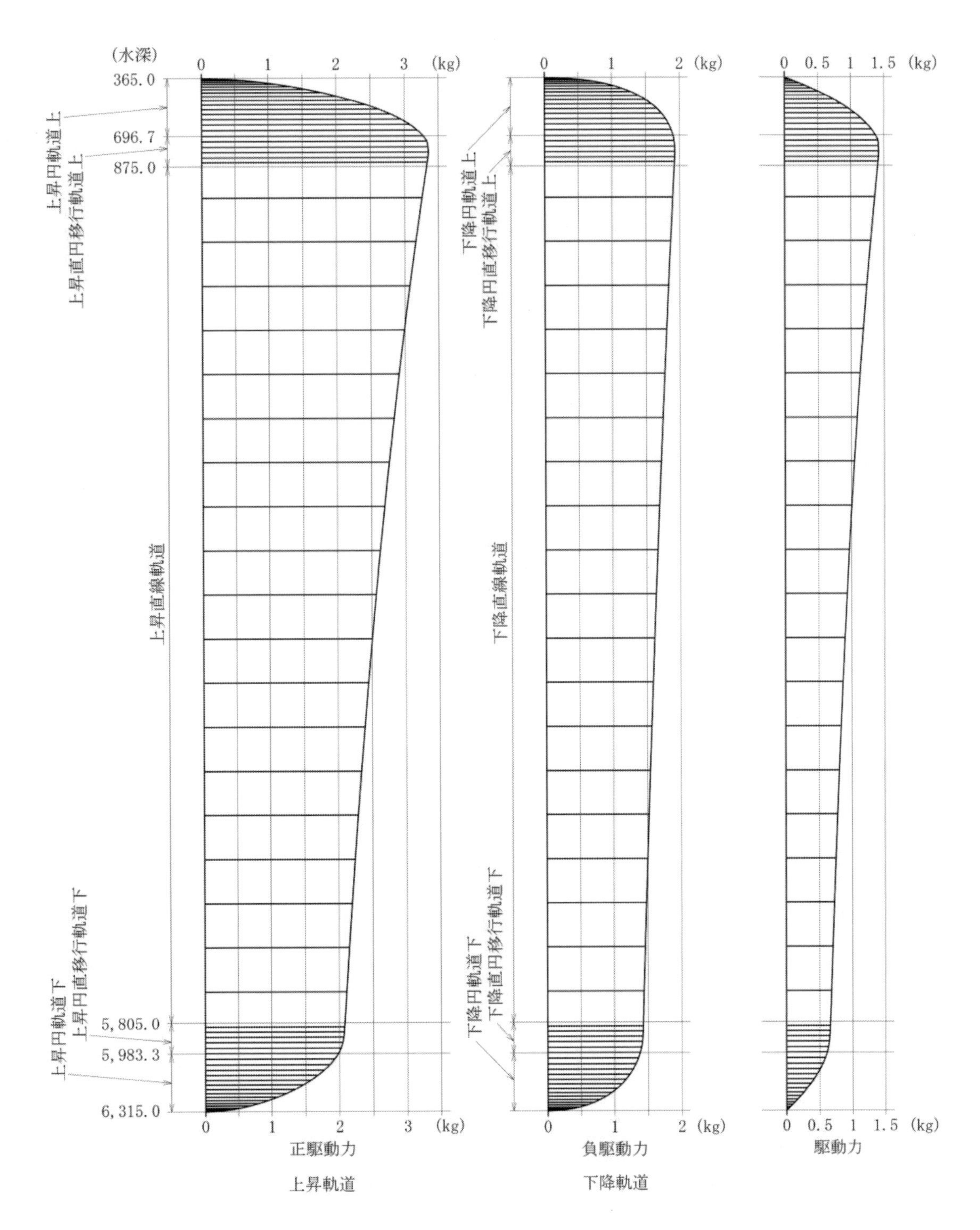

グラフ３　上昇軌道の浮力・下降軌道の浮力と浮力差

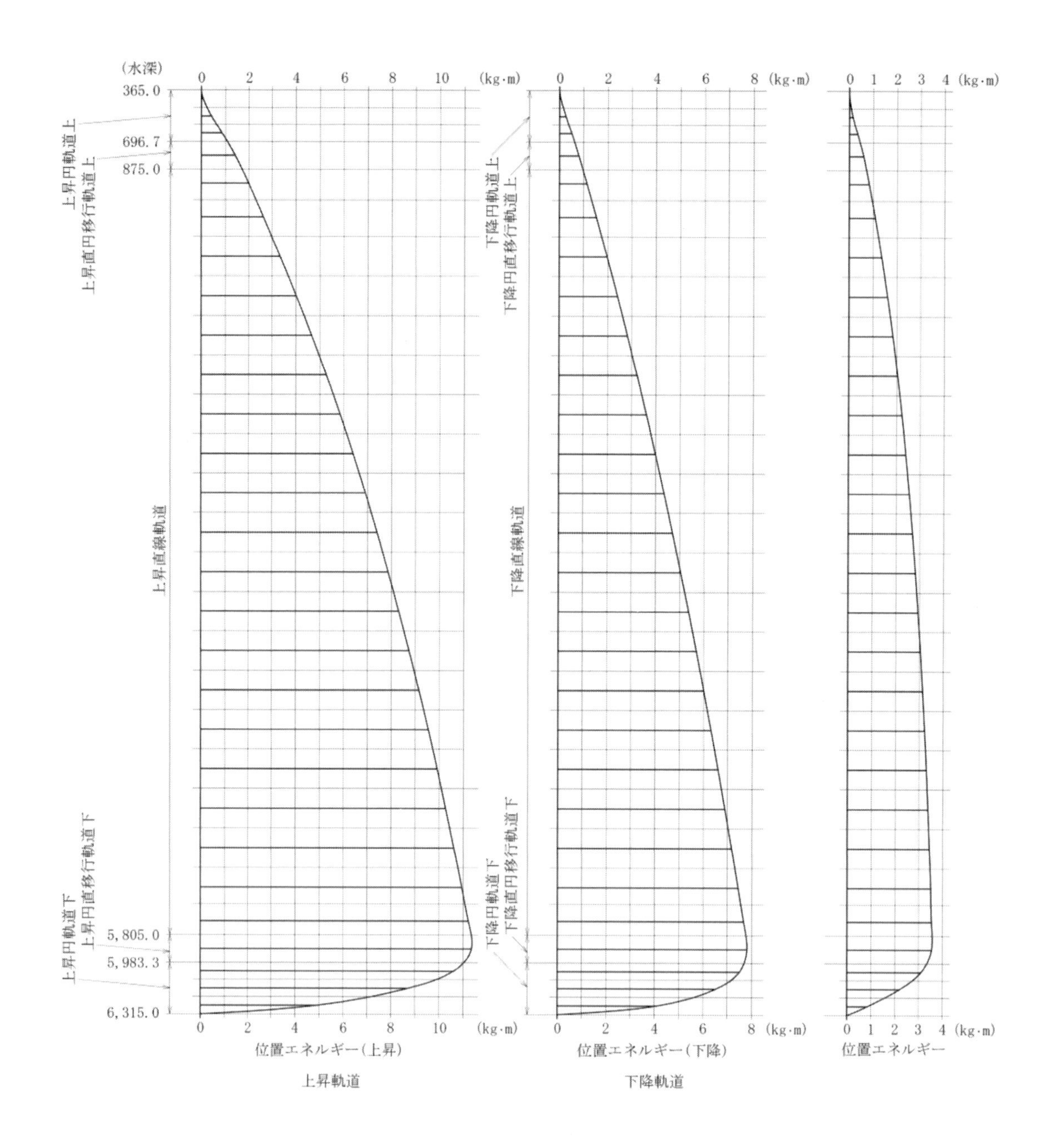

グラフ４　位置エネルギー(上昇)・位置エネルギー(下降)と位置エネルギー

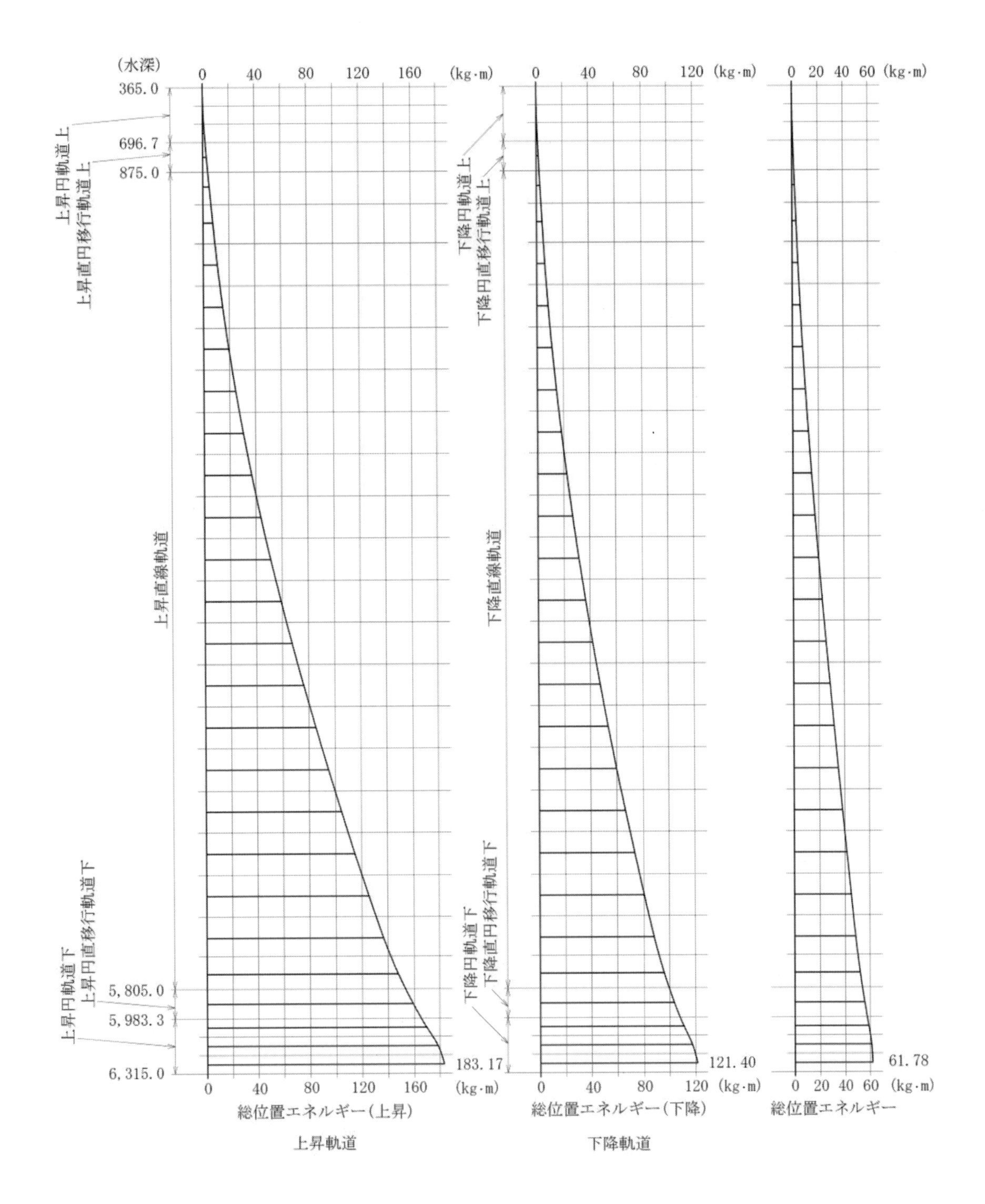

グラフ５　総位置エネルギー(上昇)・総位置エネルギー(下降)と総位置エネルギー
(表４より)

５－３－６　エネルギー生成器の構成と容積・駆動力

生成器番号：図４２　エネルギー生成装置の全体構成の生成器番号

減圧（上昇）軌道：生成器番号１～２３

加圧（下降）軌道：生成器番号２５～４７

生成器番号２４：最上位に位置し駆動力には寄与無し、最上位以前は寄与

生成器番号４８：最下位に位置し駆動力には寄与無し、最下位以前は寄与

減圧（上昇）軌道の容積(cc)：生成器番号１～２４の容積

加圧（下降）軌道の容積(cc)：生成器番号２５～４８の容積

上昇－下降の合計容積(cc)：減圧（上昇）軌道と加圧（下降）軌道の同水深の合計容積

減圧（上昇）軌道の駆動力(kg)：生成器番号１～２４の駆動力

加圧（下降）軌道の駆動力(kg)：生成器番号２５～４８の駆動力

上昇－下降の駆動力差(kg)：減圧（上昇）軌道と加圧（下降）軌道の同水深の駆動力差

上昇－下降の合計容積の合計(cc)：減圧（上昇）軌道と加圧（下降）軌道の同水深の合計容積の積算

上昇－下降の駆動力差の合計(kg)：減圧（上昇）軌道と加圧（下降）軌道の同水深の駆動力差の積算

条件		減圧（上昇）軌道			加圧（下降）軌道			上昇－下降	
角度（θ°）	水深（mm）	生成器番号	容積（cc）	駆動力（kg）	生成器番号	容積（cc）	駆動力（kg）	合計容積（cc）	駆動力差（kg）
0.0	365	24	2,574	0.0000				2,574	0.0000
45.0	492	23	3,154	2.2302	25	2,117	1.4969	5,271	0.7333
89.6	850	22	3,338	3.3377	26	1,926	1.9258	5,264	1.4119
90.0	1,054	21	3,258	3.2580	27	1,898	1.8980	5,156	1.3600
90.0	1,308	20	3,164	3.1640	28	1,865	1.8650	5,029	1.2990
90.0	1,562	19	3,074	3.0740	29	1,833	1.8330	4,907	1.2410
90.0	1,816	18	2,990	2.9900	30	1,802	1.8020	4,792	1.1880
90.0	2,070	17	2,909	2.9090	31	1,772	1.7720	4,681	1.1370
90.0	2,324	16	2,833	2.8330	32	1,743	1.7430	4,576	1.0900
90.0	2,578	15	2,761	2.7610	33	1,715	1.7150	4,476	1.0460
90.0	2,832	14	2,692	2.6920	34	1,688	1.6880	4,380	1.0040
90.0	3,086	13	2,626	2.6260	35	1,662	1.6620	4,288	0.9640
90.0	3,340	12	2,564	2.5640	36	1,636	1.6360	4,200	0.9280

表１６　エネルギー生成器の構成と容積・駆動力

条件		減圧（上昇）軌道			加圧（下降）軌道			上昇−下降	
角度（θ°）	水深（mm）	生成器番号	容積（cc）	駆動力（kg）	生成器番号	容積（cc）	駆動力（kg）	合計容積（cc）	駆動力差（kg）
90.0	3,594	11	2,504	2.5040	37	1,612	1.6120	4,116	0.8920
90.0	3,848	10	2,447	2.4470	38	1,588	1.5880	4,035	0.8590
90.0	4,102	9	2,393	2.3930	39	1,565	1.5650	3,958	0.8280
90.0	4,356	8	2,340	2.3400	40	1,542	1.5420	3,882	0.7980
90.0	4,610	7	2,290	2.2900	41	1,520	1.5200	3,810	0.7700
90.0	4,864	6	2,242	2.2420	42	1,499	1.4990	3,741	0.7430
90.0	5,118	5	2,196	2.1960	43	1,478	1.4780	3,674	0.7180
90.0	5,372	4	2,152	2.1520	44	1,458	1.4580	3,610	0.6940
90.0	5,626	3	2,110	2.1100	45	1,438	1.4380	3,548	0.6720
89.6	5,830	2	2,077	2.0768	46	1,426	1.4259	3,503	0.6509
45.0	6,188	1	1,897	1.3414	47	1,461	1.0331	3,358	0.3083
0.0	6,315				48	1,635	0.0000	1,635	0.0000
合	計		62,585	58.5310		39,879	37.1957	102,464	21.3354

表１７　エネルギー生成器の構成と容積・駆動力

５－３－７　重力発電機の主要項目

主要項目：エネルギー生成装置は圧力差⇒容積差⇒浮力差⇒位置エネルギー差⇒駆動力(運動エネルギー)⇒電力生成の流れでエネルギー生成を行います。稼働部の容積・質量は運動エネルギーの主要項目をなします。

重り：鉄(比重 8.23)、水中で 30kg、大気中で 34.15kg、容積 4.15ℓ、±0.3atm を生成

重り全体(48 基)：水中で 1,440kg、大気中で 1,639kg 、容積 199.2ℓ

容積可変容器全体：容積 102.5ℓ［表５］

外壁面積：長方形(71,120cm^2)、半円×２(15,394cm^2)、合計(86,514cm^2)［図９］

内壁面積：長方形(20,320cm^2)、半円×２(1,257cm^2)、合計(21,577cm^2)［図９］

実面積：(64,937cm^2)［図９］

実容積：(64,937cm^2)×奥行き(47cm)÷1,000(cc⇒ℓ)＝3,052ℓ［図９］

総水量：3,052ℓ－199.2 ℓ－102.5 ℓ＝2,750ℓ

稼働部の質量：水(2,750 kg)＋重り(1,639 kg)＝4,389 kg

重力発電機の稼働部の加速度：α＝加速度を加える力(-209.3N 表５)÷稼働部の質量(4,389kg)＝0.0477m/s^2

総位置エネルギー(-605.9N・m)：表４、グラフ５、エネルギー生成器１基が１サイクル(図 9)で生成される総位置エネルギー、４８基のエネルギー生成器が１間隔(0.254m)移動したときの総位置エネルギー

重力発電機の可動部の速度(9.98m/s)：エネルギー(Ｅ)＝位置Ｅ＝運動Ｅ

$$E=mgH=(1/2)mv^2$$

$$v^2=(mgH)/(1/2)/m=2gH$$

$$v=\sqrt{2gH}=\sqrt{99.6}=9.98\text{m/s}$$

エネルギー生成器の間隔(0.254m)：図９

全生成エネルギー：(9.98/0.254)×605.9＝23.81kJ/s、23.81kW/h (表５、グラフ６)

生成エネルギー(効率 50%見込)：11.905kW/h、8,570kW/h/月(表５、グラフ６)

項　目	重り(鉄：比重 8.23)　容積可変容器			
	水　中 (kg)	大気中 (kg)	容　積 (ℓ)	容　積 (ℓ)
単　体	30.00	34.15	4.15	
全　体	1,440	① 1,639	② 199.2	③ 102.5
全容積			②+③=④	301.7

表１８　重りと容積可変容器の質量・全容積

項　目	質量(kg)
水	⑨ 2,750
重り	① 1,639
合　計	⑩ 4,389

表１９　エネルギー生成装置の可動部の質量

項　目	単位	外壁面積		内壁面積	
長方形	cm×cm	140×508	71,120	40×508	20,320
半円×2	cm×cm	70×70×π	15,394	20×20×π	1,257
合　計	cm^2	⑤	86,514	⑥	21,577
実面積	cm^2			⑤-⑥=⑦	64,937
実容積	ℓ			⑦×47÷1,000(cc⇒ℓ)　⑧	3,052
総水量	ℓ			⑧-④=⑨	2,750

表２０　エネルギー生成装置の水量

エネルギー生成装置の稼働部の加速度

稼働部の質量に加速度を加える力(表１５，１６　駆動力)

$$\alpha = \frac{-21.34\mathrm{N}}{4,389\mathrm{kg}}$$ 稼働部の質量⑩

$=-0.00486\mathrm{m/s^2}$

エネルギー生成量

表１１，１２，１３，１４、グラフ５　総位置エネルギー

エネルギー生成装置の稼働部の速度(見込)グラフ６

$$E=\frac{61.78\mathrm{N \cdot m}}{102}\times\frac{2.0\mathrm{m/s}}{0.254\mathrm{m}}$$ エネルギー生成器の間隔 図２４

$=4.769\mathrm{kJ/s}$

$4.769\mathrm{kJ/s}\times 3,600=17,168\mathrm{kJ/h}=4.770\mathrm{kW/h}$

エネルギー生成効率：50%見込

$=2.385\mathrm{kW/h}=1,717\mathrm{kW/h}$/月

式１１　重力発電機の主要項目

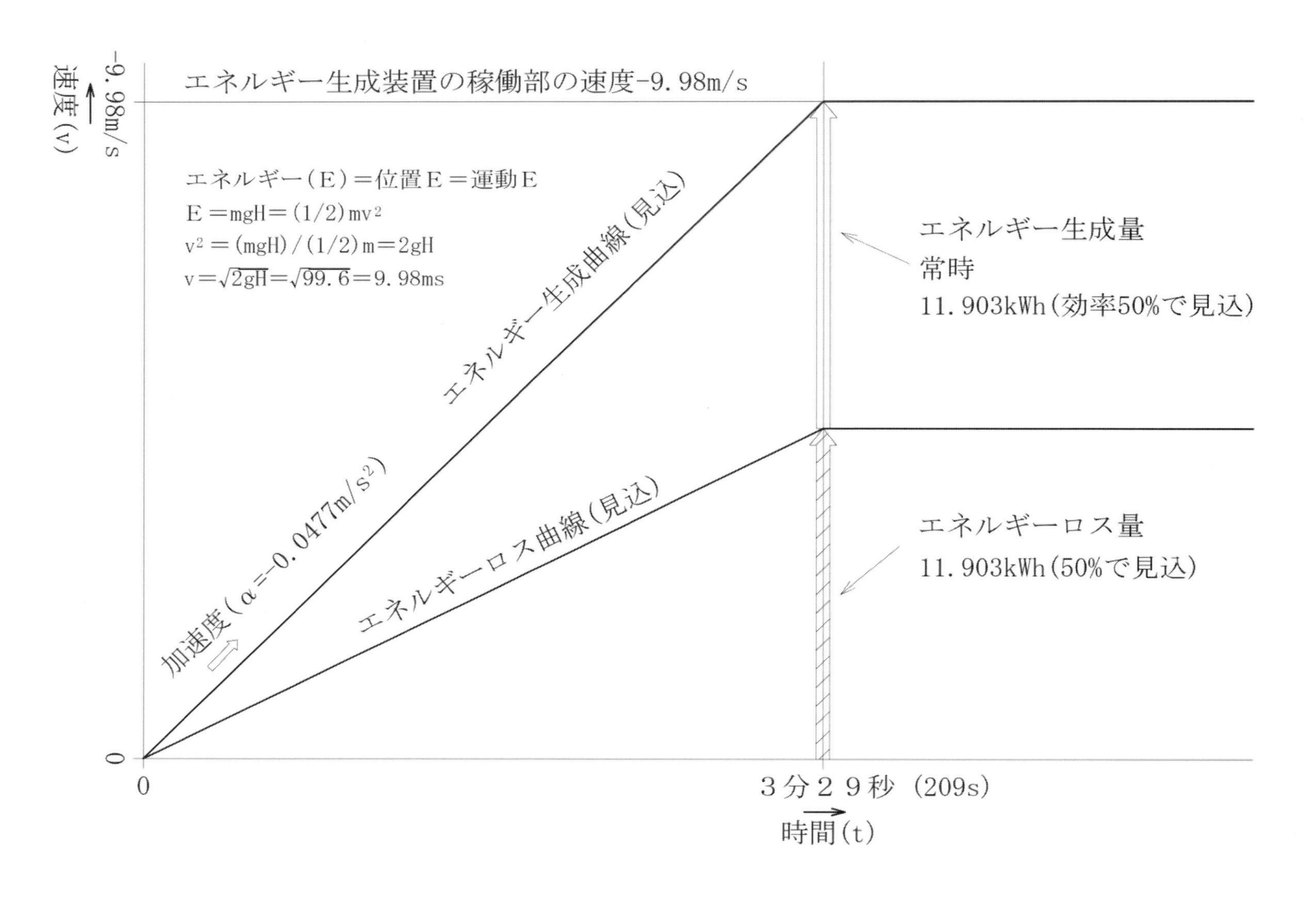

グラフ6　エネルギー生成とエネルギーロスの見込

6　地球温暖化

エネルギー源を重力とする事で地球上の何処でも常時安定した発電が出来、エネルギー消費地で必要な全てのエネルギーを設備費と維持管理費以外０円となる事で現在の産業構造と人々の生活が大きく変わります。

図４５　地　球

６－１　気温の上昇

世界中の気温の上昇で砂漠の拡大、干ばつの増加で水不足が問題となる地域有り、害虫（蚊、ハダニ、ミナミアオカメムシ、スクミリンゴガイ、ナシヒメシンクイ、ウンカ、アブラムシ、ヨトウガ、コナガ等）の北上・拡大・大量発生、作物（ブドウ、みかん、リンゴ、米等）の北上・作物の病気（水稲の紋枯病、小麦の赤サビ病、ウリ類のホプシス根腐病、レタスの根腐病、トウモロコシ根腐病、ネギの軟腐病等）、カビ（カンジタ、アフラトキシン産生菌等）の増殖等で人々の生活と環境が大きく変わります。

図４６　気温上昇

６－２　台風・線状降水帯の発生

気温の上昇、海水温の上昇で台風・線状降水帯の発生が頻繁となり、台風による河川の氾濫がおこり田畑に大きな被害が起こります。また、交通（鉄道・バス・トラック・飛行機）の運航中止、水害（家の浸水・崖崩れ・山崩れ・車の浸水・道路の崩壊）、風害（家の崩壊・電柱の倒壊・鉄塔の倒壊・倒木・車の横転・家の屋根の剥離）、風による停電被害（信号の停止・電車の停止・冷蔵庫と冷凍庫の停止で食品ロス）の災害が増え、人々の生活が大きく変わります。

図４７　がけ崩れ

６－３　海水温の上昇

海水温の上昇でサンゴ礁の破壊・白化、クラゲの大量発生、トラフグの北上、日本海でサワラ漁獲量増、スルメイカ激減、ウニの大漁発生、サケの激減、寒ブリの激減、伊勢海老の増加、サバの増加、太刀魚の増加、シイラの漁獲量急増、サンマの減少、人々の生活が大きく変わります。

図４８　海水温の上昇で海の生物の生態系が変わる

６－４　凍土解凍・氷河崩壊

永久凍土（アラスカ・シベリア・南極・グリーンランド等）が融けると未知のウイルス・バクデリア・細菌・菌・炭疽菌・天然痘・腺ペスト・ペニシリン菌等が出現し人々の病気の」原因と成り得る。またメタンガスの発生で地球温暖化を加速。氷河崩壊で氷河で生息する動物（白クマ・ペンギン・セイウチ・トナカイ・ジャコウウシホッキョクギツネ・アザラシ）と昆虫（セッケイカワゲラ・ヒョウガユスリカ・バタゴニア）等の生物に影響を与える、また氷河が融ける事で北極海航路が生じ南回り航路と選択肢が増え産業構造と人々の生活が大きく変わります。

図４９　氷河崩壊

6－5　海水面の上昇

地球温暖化で氷河が融け海水面の上昇が起き、フィジー諸島共和国・ツバル・マレーシャル諸島共和国等・モルティブ・ミクロネシア）高潮で住宅・道路・田畑・井戸等で海水による被害が増え、環境難民が増えている。

日本でも海抜の低い海岸地で高潮の影響が出てきます。

図５０　海水面の上昇で影響を島

６－６　大規模な山火事増加

乾燥地帯では雨を伴わない雷で自然発火して森林火災が発生、一度発生すると大規模化・長期化し、人の住市街地にも延焼することもあり、人々の非難が長期化し、煙で視界が悪くなり、消火で消防車が森林に入り消火が出来ず、ヘリコブターで消火するしか方法が無くなり、全世界で問題になっております。

図５１　山火事

7　産業関連

重力をエネルギー源として電力を生成する事が出来れば、地球上何処でもエネルギー消費地で必要な全ての電力を設備費と維持管理費以外０円となり、産業構造と人々の生活が大きく変わります。

７－１　原油・石炭の輸入量縮小

重力をエネルギー源として電力を生成する事が出来れば、化石燃料（石油・石炭・天然ガス）を使用する必要は無くなり、現在輸入している化石燃料を徐々に減らすことが出来、莫大な輸入額を縮小する事で貿易収支が大きく黒字化し、地球上何処でもエネルギー消費地で必要な全ての電力を設備費用と維持管理費用以外０円となり、産業構造と人々の生活が大きく変わります。

図５２　タンカー

７－２　ガソリン・軽油・灯油の陸上輸送量の減少

重力をエネルギー源として電力を生成する事が出来れば、化石燃料（石油・石炭）を使用する必要は無くなり、現在輸入して貯蓄している化石燃料をガソリンスタンドに輸送しているタンクローリを徐々に減らすことが出来で産業構造と人々の生活が大きく変わります。

図５３　タンクローリ

７－３　ガソリンスタンドの減少

重力をエネルギー源として電力を生成する事が出来れば、石油を使用する必要は無くなり、電気自動車（ＥＶ車）・水素自動車に移行、電気自動車への充電は電源が有れば場所を選ばず何処でも可能ですので、ガソリンを徐々に減らすことが出来、ガソリンスタンドは必然的に減少する事で産業構造と人々の生活が大きく変わります。

図５４　ガソリンスタンド

７－４　EV スタンドの増加

電気自動車（ＥＶ車）の増加に伴いＥＶスタンドが増加、人々が滞在する場所（店・職場・工場）にＥＶスタンドをそなえ、重力をエネルギー源として電力を０円で生成する事が出来れば、産業構造と人々の生活が大きく変わります。

図５５　EV スタンド

７－５　水素スタンド増加

地球温暖化対策で車のエネルギー源をガソリンと軽油から電気と水素に移行されており、水素スタンドが増加し、水素生成地で必要な全ての電力を重力発電で行えば、設備費用と維持管理費用以外０円となる事で、現在の産業構造と人々の生活が大きく変わります。

図５６　水素スタンド

７－６　LNG の輸入の減少

地球温暖化対策でエネルギー源を化石燃料（石炭・石油・天然ガス）から再生可能エネルギー（太陽光発電・風力発電）に移行されるが、地球上何処でも発電密度・常時安定した発電が出来る重力発電にすれば、設備費用と維持管理費用以外０円となる事で、天然ガスの輸入を削減する事が出来、現在の産業構造と人々の生活が大きく変わります。

図５７　ＬＮＧタンカー

７－７　LNG の陸上輸送の減少

　重力をエネルギー源として電力を生成する事が出来れば、化石燃料（天然ガス）を使用する必要は無くなり、現在輸入して貯蓄している化石燃料（天然ガス）を都市ガスのタンクに輸送しているＬＮＧタンクローリを徐々に減らすことが出来、産業構造と人々の生活が大きく変わります。

図５８　ＬＮＧタンクローリ

７－８　都市ガスのタンクの減少

地球温暖化対策でエネルギー源を化石燃料（石炭・石油・天然ガス）から再生可能エネルギー（太陽光発電・風力発電）に移行されるが、地球上何処でも常時安定発電で高密度の発電が出来る重力発電にすれば、都市ガスのタンクが必然的に減少し、現在の産業構造と人々の生活が大きく変わります。

図５９　ガスタンク

7－9　火力発電の減少

地球温暖化対策でエネルギー源を化石燃料（石炭・石油・天然ガス）から再生可能エネルギー（太陽光発電・風力発電）に移行され、地球上何処でも常時安定発電で高密度の発電が出来る重力発電にすれば、石炭火力発電・天然ガス火力発電は必然的に減少し、現在の産業構造と人々の生活が大きく変わります。

図６０　火力発電

７－１０　太陽光発電の減少

地球温暖化対策でエネルギー源を再生可能エネルギーの太陽光発電と風力発電に移行されますが、太陽光発電は設置面積が莫大となり、天侯により発電量が変化する欠点があります。

地球上何処でも常時安定で高密度の発電が出来る重力発電にすれば、太陽光発電は必然的に減少し、現在の産業構造と人々の生活が大きく変わります。

図６１　太陽光パネル

７－１１　風力発電機の縮小

地球温暖化対策でエネルギー源を再生可能エネルギーの太陽光発電と風力発電に移行されますが、風力発電は設置面積が莫大で消費地から遠方となり、天侯により発電量が変化する欠点があります。

地球上何処でも常時安定で高密度の発電が出来る重力発電にすれば、風力発電は必然的に減少し、現在の産業構造と人々の生活が大きく変わります。

図６２　風力発電

７－１２　原子力発電を減小

エネルギーの安定供給と地球温暖化対策で原子力発電に移行してきましたが、３．１１の震災で原発事故がおこり安全・安心神話が壊れ、現在も事故の後処理が進められており、今後何十年も掛る見通しです。

地球上何処でも常時安定で高密度、設備費用と維持管理費用以外のコストは０円の発電が出来る重力発電にすれば、原子力発電は必然的に減少し、現在の産業構造と人々の生活が大きく変わります。

図６３　原子力発電

７－１３　電力会社

現在まで電力の安定供給のエネルギー源は化石燃料（石炭・天然ガス・石油）を使用した火力発電、地球温暖化対策で原子力発電、太陽光発電と風力発電で集中型発電を行って来ましたが、分散型で送電線不要で地球上何処でも常時安定して高密度で設備費用と維持管理費用以外のコストは０円で可能、発電を重力発電にすれば、電力会社の発電は必然的に減少し、現在の産業構造と人々の生活が大きく変わります。

図６４　送電線

8　特許

8－1　国内特許

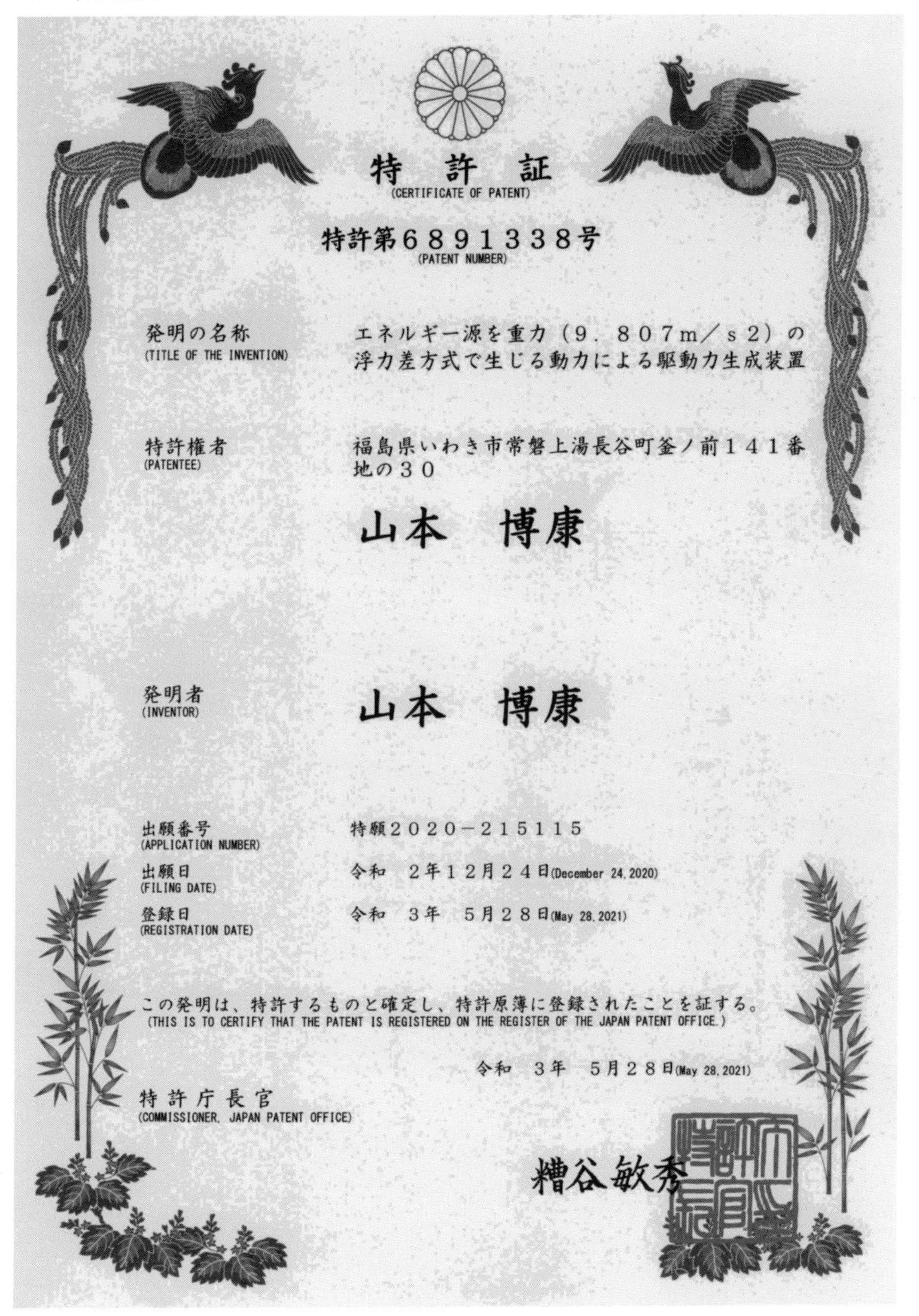

特　許　証

(CERTIFICATE OF PATENT)

特許第６８９１３３８号

(PATENT NUMBER)

発明の名称 (TITLE OF THE INVENTION)	エネルギー源を重力（９．８０７ｍ／ｓ２）の浮力差方式で生じる動力による駆動力生成装置
特許権者 (PATENTEE)	福島県いわき市常磐上湯長谷町釜ノ前１４１番地の３０ 山本　博康
発明者 (INVENTOR)	山本　博康
出願番号 (APPLICATION NUMBER)	特願２０２０－２１５１１５
出願日 (FILING DATE)	令和　２年１２月２４日(December 24, 2020)
登録日 (REGISTRATION DATE)	令和　３年　５月２８日(May 28, 2021)

この発明は、特許するものと確定し、特許原簿に登録されたことを証する。

(THIS IS TO CERTIFY THAT THE PATENT IS REGISTERED ON THE REGISTER OF THE JAPAN PATENT OFFICE.)

令和　３年　５月２８日(May 28, 2021)

特許庁長官

(COMMISSIONER, JAPAN PATENT OFFICE)

糟谷敏秀

写真１　特許証

地球温暖化が全世界の全世代の人々が問題化しているが、これを解決する方法は現状では太陽光パネルと風力発電しか無く、安定した再生可能エネルギーが必要となります。

重力をエネルギー源とした発電が出来れば地球上何処でも常時安定した発電が可能で、設備費用と維持管理費用以外のコストは０円となる方法を考案し、国内特許を出願し特許査定されました（写真１）。

８－２　周辺特許

重力発電を開発している企業は世界中で現在無く、最初に開発し国内と海外に幅広い周辺特許を出願して権利化出来れば最大の武器となり、世界中で製造・販売が出来、大きなビジネスとなります。

おわりに

重力発電を理解して頂き、カーボンニュウトラル（地球温暖化阻止）を実現し、エネルギー消費地で必要なエネルギーを地球上何処でも常時安定した発電が出来、設備費用と維持管理費用以外のコストは０円、日本発の新しい産業を創出し、輸入を減らし、輸出を増やして貿易収支を向上し、日本の経済の向上を図り、人々の生活を楽にして頂きたい。

かさねて、本文中の数値・計算は我流で算出したもので保証するものではありません。実施する場合は自身で詳細な計算をお願い致します。

山本博康

E-mail.snycx288@ybb.ne.jp

エネルギー革命

［重力発電］地球温暖化対策の根幹

2024年5月20日　初版　第一刷発行

著者　　　山本 博康

発行者　　谷村 勇輔

発行所　　ブイツーソリューション

〒466-0848 名古屋市昭和区長戸町 4-40

電話　　052-799-7391

ＦＡＸ　052-799-7984

発売元　　星雲社（共同出版社・流通責任出版社）

〒112-0005 東京都文京区水道 1-3-30

電話　　03-3868-3275

ＦＡＸ　03-3868-6588

印刷所　　藤原印刷

万一、落丁乱丁のある場合は送料当社負担でお取替えいたします。

小社宛にお送りください。

定価はカバーに表示してあります。

　ISBN 978-4-434-33978-3